2015年5月19日,
北京航空航天大学校长徐惠彬院士
向李汉平教授颁发驻校艺术家聘书。

2015年5月21日下午,
北航2015年度驻校艺术家计划在沙河校区启动,
"中国花鸟画赏析与创作"研修班正式开班。

通过集中授课和示范,
李汉平教授带领同学们走进中国花鸟画艺术的世界。

中国花鸟画构成要素以及笔、墨、纸等绘画材料的运用，
在生动的教学实践环节充分呈现。

悉心传授、耐心指导，
强化对基本技法和作品临摹及创作的训练。

认真临摹、大胆创作,
每一名同学都不同程度地掌握了花鸟画创作的"要领"。

习作点评。

2015年6月14日,"逸韵高致:李汉平花鸟画作品展"在北航艺术馆开幕。北航党委常务副书记张维维教授以及刘巨德、李魁正、陈孟昕、陈池瑜、丁密金、高润喜等著名艺术家出席开幕式并致辞。

展览共展出李汉平创作的工笔、写意、写生花鸟画作品70余幅,著名艺术家郭怡孮等对李汉平的创作给予了高度评价。

2015年7月1日,"缤纷绽放:北航2015年度驻校艺术家计划学生花鸟画作品展"在北航艺术馆正式开展,北航党委常务副书记张维教授等与大家在展览现场深入交流。同学们创作的68幅作品,稚嫩中不乏笔墨的精彩,绽放出令人惊叹的艺术魅力。

丹青毓秀

驻校艺术家计划档案

蔡劲松 / 主编

北京航空航天大学出版社

北航 2015 年度驻校艺术家计划·艺文赏析与体验教育项目
"中国花鸟画赏析与创作"研修班

项目主持人
蔡劲松

课程主讲人
李汉平

项目组成员
余敏 万丽娜 范鹰 马良书

项目实施主体
北航文化与艺术传播研究院

本书主编
蔡劲松

副主编
余敏 万丽娜 范鹰

目录

序言
2　弘扬中华艺文精髓　承续优秀传统活化 / 蔡劲松

笔记
9　学画小记 / 学生参加项目感悟 26 篇
74　我心中的艺术 / 学生同题随笔 27 篇

报道
136　媒体视野中的北航 2015 年度驻校艺术家计划

附录
160　北航 2015 年度驻校艺术家计划
　　　中国花鸟画赏析与创作研修班招生简章
164　北京航空航天大学驻校艺术家 / 作家实施办法（试行）

作品
169　学生临摹及创作花鸟画作品 68 幅
239　驻校艺术家李汉平花鸟画作品选辑

序言
XU YAN

弘扬中华艺文精髓　承续优秀传统活化

蔡劲松

近年来，北京航空航天大学将文化建设作为提升办学软实力的重要内容，作为融入人才培养体系的重要方面，坚持以文化传承、文化塑造、文化创新为手段，注重汲取和依托丰厚的中华优秀文化的滋养与育人作用，通过系统设计、探索实施"艺文赏析与体验——驻校艺术家／作家计划"等文化育人项目，深入推进根植于中国的大学文化及传播体系建设，为弘扬中华艺文精髓、承续优秀传统活化做出了有益的探索。

一、聚焦传统，注重文化育人的中国特质与当代价值

当前，在大数据、互联网、全媒体等的冲击下，中华优秀文化的历史、传统、精神，出现了慢慢消退和淡出人们视野的危机，大学文化建设和文化育人面临着严峻挑战：我们能否在全球化进程和中西文化的交流碰撞中，始终保持清醒的主体文化意识和文化自觉自信，在汲取外来有益文化养料的同时，维护、承传和弘扬我们民族文化精华的创造性、独立性乃至生长性？对此，我们进行了卓有成效的探索与努力。

近几年，学校从顶层设计和战略高度，树立文化育人的理念与思路，进一步提高对大学文化传承创新重要性的认识，明确提出营建以优秀文化魅力感染人、以深厚文化内涵引领人的校园氛围，持

之以恒地使中华文明、优秀传统与中国品格更好地融入文化育人实践，引导师生在继承传统文化、弘扬优秀文化、传播先进文化中成长和发展。

我们注重聚焦传统，发掘文化育人的中国特质与当代价值，不断探索创新"礼敬中华优秀传统文化"活动的方式载体，坚持将优秀传统文学艺术滋养，当作大学文化育人的"花朵"，系统设计了以"艺文赏析与体验——驻校艺术家／作家计划"为代表的文化育人品牌项目，旨在弘扬中华艺文精髓，承续优秀传统活化，充分发挥中华优秀文化独特的育人和精神陶冶作用，使其成为滋养师生的重要源泉，在大学文化育人和校园时空中转化为具有当代价值的人文艺术传播场，为创新人才培养提供应有的文化支撑。

二、创新形式，打造优秀传统艺文滋养的活化载体

"艺文赏析与体验——驻校艺术家／作家计划"项目的实施，始终秉承"开放、互动、启发、交流"的宗旨和"让传统文化驻校、以经典艺文为友"的理念，将具有较高传统文化修为的知名艺术家、作家引入校园，通过驻校系列讲座、工作坊、展览、论坛及艺文沙龙活动等多样化形式，强化传统文学艺术样式与大学教育的沟通互补。该项目由北航文化与艺术传播研究院牵头实施，2013年7月颁布了《北航驻校艺术家／作家实施办法（试行）》，包括总则、聘任细则、管理细则和附则等相关规定。迄今，已成功开展"2013年度驻校艺术家计划·中国山水画赏析与创作""2014年度驻校作家计划·中华诗词赏析与创作""2015年度驻校艺术家计划·中国花鸟画赏析与创作"项目共三期。

学校领导高度重视项目计划的实施,并亲自为每届驻校艺术家、作家颁发聘书及指导项目开展。先后邀请的三位校外资深艺术家、作家进驻校园后,创造性地开展"师徒传承"艺文教育活动,探索传统艺文精华滋养的现代活化和校园活化,进行中华文化中最具经典性和代表性的传统绘画、传统文学素养教育,使学员从多样性互动赏析学习、上手体验操练与自主创作中,感受中华文化内涵,加深对传统的理解,体验优秀传统文学艺术的灵魂,受到了校内外的广泛关注。

(一)北航2013年度驻校艺术家/作家计划:聚焦中国山水画赏析与创作

2013年10月至11月间,北航首届驻校艺术家/作家计划聘请长期旅居国外的著名画家石晋先生入驻沙河校区,担任驻校艺术家和"中国山水画赏析与创作"课程的主讲教师,与学校配备的导师组成员一起,为选拔招收的36名同学提供传统绘画艺术的实践教学和创作体验。课程于每周三晚上和每周日下午讲授,还根据需要适时安排了多次实践写生创作,其目的是通过理论学习,使同学们对中国山水画的历史有概略的了解;通过经典作品赏析,提高同学们的艺术欣赏水平和对文化传统的认识;通过对基本技法和作品临摹的训练,提高同学们的绘画能力,并根据自己对中国山水画的理解和感悟,结合掌握的技法和绘画能力创作山水画作品。

项目组为同学们免费发放了精心编写的讲义《中国山水画简史》《中国山水画技法概要》,以及山水画创作必备工具毛笔、毡、纸等。从魏晋到五代宋初、从北宋到元明清……8次集中讲授,近两个月间同学们与驻校艺术家在校园工作坊的互动交流,使大家不仅了解到中国山水画的发展脉络，还初步掌握了山水画技法及创作要领，这些几乎"零基础"的同学都创作出了自己的第一幅作品，笔墨中呈现出令人惊喜的意趣。期间，还在北航艺术馆、沙河校区艺文空间分别举办了"驻校艺术家石晋山水画个展""美的追寻——2013年度北航驻校艺术家计划学生山水画作品展"两个展览，呈现了该计划的丰硕成果。

（二）北航2014年度驻校艺术家/作家计划：聚焦中华诗词赏析与创作

2014年4月至5月间，北航第二届驻校艺术家/作家计划聘请中华诗词研究院副院长、著名诗词家蔡世平先生入驻北航学院路校区，担任驻校作家和"中华诗词赏析与创作"课程的主讲教师。这个互动的传统人文课堂不设门槛，不仅面向师生，也向社会公众开放，共招收了60名校内外学员。本次驻校作家计划定位为聚焦中华传统诗词、关注诗词文化的当代价值，共开设8次系列讲座，于每周三、周日下午集中授课，营造与学员面对面交流探讨的空间，激发其文学创作潜能与思维，加深对中华诗词、中国传统文化及其当代价值的认识，提升对中华传统诗词的鉴赏能力和创作水平。

期间，还在北航艺术馆举办了"蔡世平诗词书法创作展"和别具一格、主题为"礼敬中华诗词"的北航艺文雅集活动。展厅中的书法与诗词珠联璧合、相得益彰。在展览现场举办的艺文雅集，围绕"礼敬中华诗词"的主线，邀请到李元华、赵美丽等10多位知名艺术家、诗词家和学员们共同参与，以演唱、吟诵、演奏等丰富的艺术表达方式，继承和弘扬了一种人文交流、思维碰撞、艺术互动、激发创作的"在场"与"即兴"的理念，拓展了诗词赏析与创作教学的形式。该计划作为一次诗词文化传播的当代实验推广,将诗词文化带到校园,在传统人文诗意、当代文化景致间以及大学精神的追寻与远行中,传递着美好的心灵与畅想。

(三)北航2015年度驻校艺术家/作家计划:聚焦中国花鸟画赏析与创作

2015年5月至6月间,北航第三届驻校艺术家/作家计划聘请北京林业大学艺术设计学院教授、著名花鸟画家李汉平先生入驻沙河校区,担任驻校艺术家和"中国花鸟画赏析与创作"课程的主讲教师,为选拔招收的40余名本科生、10余名研究生以及部分社会爱好者提供中国花鸟绘画艺术的实践教学和创作体验。本次"中国花鸟画赏析与创作"研修班采用集中授课、示范和创作实践等形式,课程教学阶段共8讲16学时,每周四、周日下午授课。8讲内容分别为"中国花鸟画概述""写意花鸟画的构图""写意花鸟画的笔法与墨法""写意花鸟画的用色""中国画的题款与印章""写意花鸟画——梅、兰、竹、菊的画法""写意花鸟画——藤本、蔓本的画法""写意花鸟画——草虫、禽鸟的画法"等。

近两个月来,李汉平教授在北航沙河校区不辞辛苦、悉心传授、耐心指导,从中国花鸟画的渊源与演进,到各时期花鸟画的艺术特征,到花鸟画的文化地位,再到其构成要素以及笔、墨、纸等绘画材料的运用……李汉平教授以他广博的知识涵养和精湛的艺术技艺,毫无保留地带领同学们走进了中国花鸟画艺术创作的世界,每一名同学都不同程度地掌握了花鸟画创作的"要领",并画出了足以令人"刮目"的一幅或多幅习作。期间,"逸韵高致——李汉平花鸟画作品展"于2015年6月14日至6月30日在北航艺术馆举办,李汉平教授和郭怡孮、刘巨德、李魁正、陈孟昕、陈池瑜、丁密金、高润喜等首都美术界的专家学者、艺术家一起，在展览现场与学员和师生观众互动交流，深入探讨花鸟画创作的学思与感悟。展览共展出李汉平教授近年来创作的工笔、写意、写生花鸟画作品70余幅，较好地反映了他在坚持"写意精神"的大视野下，开拓创造出一种具有时代感和创新意识的中国花鸟画独特风貌。2015年7月2日至14日，"缤纷绽放——北航2015年度驻校艺术家计划学生花鸟画作品展"在北航艺术馆展出，同学们创作的68幅作品以及他们对艺术的深刻感悟在展厅里集中亮相，呈现了这些优秀北航学子充沛的艺术想象力、创造力以及面向未来的无限可能，受到校内外的广泛关注与好评。

三、传播辐射，建构中华优秀文化承续的良好平台

项目伊始，北航驻校艺术家/作家计划就注重其实施的可持续性和推广性。三届计划的实施完成，以正式出版《与艺术为友——驻校艺术家计划档案》《词韵诗心——驻校作家计划档案》《丹青毓秀——驻校艺术家计划档案》（北京航空航天大学出版社）等系列书籍为标志，再现了项目计划的生动历程和累累硕果。社会媒体对此给予了高度关注，认为这是中国高校首个驻校艺术家/作家计划"令人惊叹"的实施成果档案，反映了大学在建构优秀传统文化传播平台、深化人文艺术素养教育方面的探索尝试，具有重要的文本价值和借鉴意义。

无论中国山水画、花鸟画还是中华诗词，作为中华优秀传统文化寰宇中独具魅力的闪亮星座和文学艺术样式，都以其博大的智慧、深厚的积淀和审美的品格，昭示着中华民族的心灵畅想、人文情怀

与精神意蕴，是校园梦、中国梦的重要生命基因，不仅可以滋养每一名师生的心灵，也可以改变和营造良好的校园文化生态，甚至转化为强大的文化凝聚力、向心力与辐射力。

可以说，探索实施驻校艺术家/作家计划，与近年来学校重视大学文化建设、突出文化育人实效，是一以贯之、相辅相成且互为因果的。我们坚持以"礼敬中华优秀传统文化"为抓手，并充分利用北航艺术馆、艺文空间、艺文雅苑和北航音乐厅等公益性文化设施，持续举办了数百场传承和弘扬优秀传统文化的精品艺术展览、舞台演出或艺文沙龙活动，为学生和社会公众提供了浓郁的人文艺术体验氛围，在承续优秀传统活化、建构大学文化传播平台的探索中，较好地实现了中华优秀传统文化艺术"化"人的效果。

BIJI

学画小记／学生参加项目感悟 26 篇

笔记

学画日记五则

陈琛 / 北航数学与系统科学学院 2012 级本科生

初窥花鸟画　相识似故人 / 2015 年 5 月 21 日　星期四

上课之前,多少是有些忐忑的,对于连毛笔都不知道怎么用的我来说,学习中国花鸟画简直是天方夜谭。

下午三点半,我准时到达了教室,教室很宽敞,老师给我们每个人准备了一张桌子、一支毛笔和一块"毛毯"。当时我还纳闷:大热天的,为啥要在桌子上铺一块"毛毯"啊?后来一问才知道,这块毯子叫毛毡,毡是用羊毛制成的,具有很强的防水性,因为防水,所以能更好地表现出中国宣纸的渗化作用。

这次给我们上课的老师是著名的艺术家李汉平教授。

对了,我们还有两个"助教"呢,一位是北航宣传部部长蔡劲松教授,他还是北航文化与艺术传播研究院的执行院长,另一位是北航文化与艺术传播研究院的马良书副教授。

李老师风趣地说:"我太有面子了,你看看,两个大教授给我当'助教'。"逗得我们大家都笑了。

接着蔡老师和我们说:"大家别怕学不会,其实起点并不重要,关键在于你的用心和努力。我们开设这个研修班,受到了很多方面的支持和鼓励,目的是希望同学们在随后一个多月的时间里,以文化与理解、审美与思辨、探索与创作为重点,注重艺术情感、创新思维和想象力、创造力的培育,努力成为兼具深厚专业知识基础和良好人文艺术素养的优秀人才。"

  这一番话让我原本忐忑的心稍稍平静了下来。我心想,我一定能行。即使画得不行,就像蔡老师说的,学习传统文化艺术,能提升我自身的素养和人文情感,能认识这么多优秀的老师和同学,我也就知足了。

  第一节课,李老师主要给我们介绍了有关中国花鸟画的历史和相关知识。从新石器时代的壁画到近现代的大家,在历史的变革中讲述着中国花鸟画的形成与发展历程。我明白了,原来画的发展和历史演变密不可分,每个时代都有每个时代所应有的特点与潮流,每幅画也都有他背后所要表达的人文气息与时代情怀。

  一幅画的背后是一个人,一个人的背后是一个故事,无数个故事串联在一起就是一个时代,无数个时代相互交融就变成了历史,而当无数个历史一一道来,就有了昨天、今天和明天。

  老师说:画者亦文人。确实,纵观古今的花鸟画大家,他们在文学、个人修养上都有着超高的造诣。我们看的只是简单的几笔,但是如果没有内心深厚的修养,就这简单的几笔也是画不出的。

  很多人把自己的人生感悟、理想都融入在画中,借物咏志,以画抒情。我想这就是为什么中国花鸟画能流传几千年而不衰——因为,看似画,这笔笔墨墨写的都是"人",人不会随历史衰亡,画也随之一起兴旺。

  课后回来的路上我自己做了一首打油诗:"画者亦文人,文学即人学。狼羊尖头流淌的是禅悟,石水墨下晕染的是人生。"

  这里告诉大家一个秘密,嘿嘿,狼羊尖头指的是毛笔的两种材质,石水墨指的是墨汁的两种来源。而这些都是老师告诉我们的,李老师讲完理论知识后,本想在讲台上给我们说说这文房四宝的事,后来干脆铺纸泼墨,让我们大家围上前来,他边挥毫书写,边给我们讲这其中的缘由,还和我们一起讨论问题。

有同学问:毛笔应该怎么拿?蔡老师笑了,说:"三个字——拿住了!"

大家都会心地笑了。是啊,我们往往会被规则给羁绊住,被告诉必须要这样、要那样。其实生活有时候就像拿毛笔一样,哪有那么多的规则和步骤,当我们摆脱了条条框框的桎梏,心中只想着"拿住了",这样我们的生活会不会更随心、洒脱、简单快乐一点呢?我想会的。

时间过得很快,短短的两个小时很快就过去了。当我走出教室时,原有的忐忑都没了。因为我觉得学画重要的是学精神、学会思考,没有思考,毛笔拿得再好也画不出东西;而我一个不会拿毛笔的人,这一节课不也收获了很多吗?我们这么多人,以后不可能每个人都成为大画家,但是在这个课程中多少会受到祖先智慧的熏染、人文修养的熏陶。就像是一双无形的手在抚慰着我们的心灵,最终会悄悄地改变着我们的人生。

良好的开端意味着成功的一半。我相信通过整个课程的学习,我也能画好一幅中国花鸟画。

一起期待吧!

人生中第一幅水墨画 / 2015 年 5 月 24 日　星期日

5 月下旬,北京的天气已经热得不得了了。

春生夏长,夏天,是万物生长的季节。生命力在夏日里竞相绽放,就像中国的花鸟画一样，要的是一个活色生香、飞鸣食宿、茁长勃发。在画中寄托着对生命的敬畏与渴望，无论是梅、兰、竹、菊，还是燕、鹤、虫、虾，大家相识在纸上、相聚在画中。正如我现在和这么多充满着朝气的同学一起，走进今天的花鸟画课堂。

上节课，老师像一位船夫，把我们带到了"桃花源"的入口旁。而今天，我们就要进入花鸟画这座"桃花源"去一探究竟。

一节课下来，感悟颇多，倒有些无从下手的窘迫。也罢，那就一一道来。

首先说这花鸟画的构图。

花鸟画讲究取势，清沈宗骞在《芥舟字画编》中云："统乎气以呈现其活动之趣者，是即所谓势也。""势"是一种客观运动趋向，"势"又是一种心理意象。它是通过有形的"体"传达出的一种无形感受和判断，说明它带有一定的不可视成分，与其说"势"被看到，不如说是被感受而来的。

构图的取势方法很多，在中国画中，则是通过正确处理十几种矛盾关系：即主与宾、奇与正、疏与密等对立而统一的矛盾关系，来取形用势，从而表达出自己心中所要抒发的情感。

花鸟画与西方画有着明显的区别：西方画多以静物为主，讲究的是几何、光影的立体感，重在写实。而花鸟画，有积聚、有势气，花、鸟多为动态，表达的是一种生命力，传递的是内心的思考与情感。

表面上是画的不同，而背后则是天人合一、相生相对的东方智慧的体现。

所谓天人合一，人和自然本就是一体的，人看到自然万物，有感而作画。物在画中，悟在心中。人作着画，画塑着人。人和画融为了一体，到底是谁被创造，谁又得到了重生呢？谁也说不清楚。

  课后的实践环节，我们亲自拿起毛笔去作画，画了几幅下来，哎呦，感觉身体累得不得了，老师说画画就是在练气功，看来一点也不假。之所以累，是因为你融入画中了，精神高度集中，身体被高度地放空，心气与画势完美结合，所以，我们说有名画，不如说有明心。

  相生相对的辩证主义的体现就更明显了。花鸟画讲究层次，而这层次要体现出来就要通过对比和承托。中国人早就知道万事万物相生相对的道理。由此又有一些留白的艺术云云。如果懂得了画中的辩证关系，那现实中的万象就更好理解和把握了。就如同我们把空白称为"画中之画，画外之画"一样。人在画外，但人更在画中。

  然后老师又跟我们讲了笔法和墨法。能用的只有黑色的墨，却能表现出"五彩斑斓"的意境，这靠的是笔和墨的完美配合，当然，主体依旧是人。也正是因为这笔墨的万千变化，使得每一幅花鸟画都独一无二、不可重复。

颜色的启迪 / 2015年5月28日　　星期四

  听说今天老师要教我们如何给花鸟画上色，我早就期待不已，因为前几节课只能用墨，虽说这墨色里变化万千，但总是用它练习难免有些单调，于是对五彩缤纷的颜色多了几分向往。

  一路上我在想，我要用水红画荷花、用翠绿画荷叶、用湖蓝画淡淡的水波……可是到了教室我自己去画就傻眼了——我竟然调不出这些颜色。原来，这颜料也和墨一样，需要和水的完美融合才能调制出心中所需的色彩。而这其中的度与量又要靠日积月累的经验，所以想真正学好画还是要下苦功夫的。

没过一会儿，老师也早早来到了教室，看到大家都在提前练画，他也没休息一下就到我们中间来，给这个添几笔，给那个做些评价。大家也互相评价着对方的画，说出自己的想法，或赞美或建议，徜徉画中，其乐融融。

上课啦，老师说，一幅中国花鸟画色彩的运用很引人注目，如果没有丰富、亮丽的色彩，就不能称之为花鸟画。色彩艺术学是一门很深的科学，用好色彩是每一位画家的毕生追求。花鸟画倡导"随类赋彩"的原则，主张"情感、理性"作画，追求"单纯、含蓄、简练和明快"的色彩，提出了"红绿相对力相强，如黑白然"、"黄紫相对亦相强，但力弱"、"红间绿，花簇簇，青间紫，不如死"、"设色忌枯、忌火、忌俗、忌主导不分，淡而不失之枯"等赋色方法……

老师还没说完，我就迫不及待地自己画了起来，我在颜料盘里准备了数十种颜色，心想这下肯定会有非常好的视觉效果。画什么呢？对，就画荷花！我拿着三支毛笔，一会儿这个颜色，一会儿又那个颜色，忙得是不亦乐乎。过一会儿，"大作"告成！我兴冲冲地拿给同学去看，本以为他们会夸赞我画得又快又好，可是没想到……

"你这画的是什么啊？有点像荷花……"

"你学过水彩啊？这幅水彩真好看！"

"颜色是很多，不过我感觉很乱啊，这幅画的主体是啥啊？"

天啊，竟然有人说我画的是水彩……我特别沮丧，为这幅画我可是忙乎了半天。是哪里出问题了呢？我向老师和同学请教。

原来，这都怪我对中国画色彩的理解不足。

中国画追求的是一种意境美,也就是我们所说的写意。所以无论是墨还是彩,都会随着作者修养、心境的变化而产生不同的效果。

并不是每幅画都一定要大面积地上色。"色不碍墨,墨不碍色,色中有墨,墨中有色"是中国的绘画传统,墨骨墨气好的画面可以不赋色;墨骨墨气好又要赋色,求以色来增强艺术效果时,可以赋淡色;若墨骨墨气尚好,但因局部有死墨团而无光泽时,可铺设较厚重的矿物质色块或色点,利用色、墨两种不同光度及饱和度的对比,变死墨为活色,使画面统一调和。

拿我自己来说,心血来潮要上色,心不在所画之物上,全在颜色里了,结果画出来的效果"四不像",没有生命力,完完全全就是颜料在宣纸上的堆积。

颜色可以让一幅画变得更好,但如果画蛇添足,也能破坏一幅画的整体气韵。

虽然我们都爱这五彩斑斓的色彩,但是懂得取舍才能让颜色活出精彩,被我们所用。而最重要的,是我们不能忘了中国画的底蕴精神在于笔墨,追求色彩、不注重笔墨的画是没有生命力的。

正如我们应该懂得,什么是生活里必须坚守的,又有哪些是可以通过取舍让我们的生活变得更好的。

坚守让我们的根更加牢固,取舍让我们的枝叶更加茂盛。

随心一笔　不要犹豫　/ 2015 年 5 月 31 日　星期日

又是一个周末,之前的周末都是怎么过的,混混沌沌地真是记不清了,但是自从上了花鸟画课,每个周末都多了几分盼望与收获,回忆起来,自然记忆犹新。

果然，永久的记忆和美好的事情是分不开的。

到今天，我们课程已经完成了大半。想想刚开始那个连毛笔都不知道怎么拿的我，到现在我能自己画一幅中国花鸟画，觉得不可思议之余，更多的是欣慰与骄傲。

关于花鸟画基本的理论我们已经讲得差不多了，这节课，老师留出大部分时间让我们自己画，然后一一给我们指导。

我精心地挑选了几幅画做样本，一幅是荷花，一幅是小鸡，还有一幅花鸟图。我正仔细画着，突然一个声音从背后说：你这样不对。我惊了一下，原来老师不知什么时候在我身后了。"我看了你一会儿，发现你一条线要反复地修改，一会儿增几笔，一会儿又钩下边，这样一看就是反复修改后的，没了动感和美感。"

一语惊醒梦中人啊，我突然发现几乎每一幅画我都要反复修改，有时觉得这一笔太浅就添上点，有时觉得太空又加上几笔，反复修改，每次都不尽如人意，总是在修改后又觉得别的地方需要改进。

"画画，首先画要在心里，心里把画定好形，然后下笔，一气呵成"，老师拿起笔边给我画样例边说："刚开始，会有缺陷，因为你心中还没画，即使有画，但这心中的画到纸上的笔墨之间还是有一段距离的，这就体现在个人的修养上了，这是个日积月累的过程，确实急不得，但是从现在就要养成一气呵成、不涂抹、不修改的习惯，慢慢地就会进步了。"

"嗯。"我边听边一直点头。"你看看，这样是不是比你的生动了很多？"老师画了一个荷花的茎，确实，比起我反复几笔的画，老师这一笔显得更加生动。

我想，中国画之所以注重写意，是因为画在中国人眼里不是艺术品，只是最平凡的表情达意的工具，心中有情感，自然迫不及待地要宣泄出来，哪还来得及反复修改呢？也正是这种畅快淋漓的表达让画具有情意和无限的生命力。

如果哪天我们不再把画当做高高在上的艺术品，而是把它和唱歌、跳舞一样作为我们生活中表达情感的方式之一，我想每个人都可以是画者。

《诗经》里说："情动于中而形于言。言之不足，故嗟叹之。嗟叹之不足，故咏歌之。咏歌之不足，不知手之舞之足之蹈之也。"在这里加上画之，也不为过吧。

一路有你 前方鸟语花香 / 2015年6月4日 星期四

时间过得真快啊，我们总是用这句话放在文章的开头，感慨时光的匆匆。事实也确实如此，转眼间，花鸟画课就要结束了。我自己本是一个连毛笔都不会拿的人，到现在竟然有自己的"作品"了！真是做梦都不敢相信的。

你可能说："这就是你努力学习的结果啊，恭喜你啊！"

但是，我却想告诉你，这背后是无数老师辛苦汗水的结晶。

我们每次上课前，无论是宣纸、毛笔、颜料这些必需品，还是饮用水、擦布这些小东西，都是准备好的。后来我才知道，这些都是老师们每次提前来到教室，从远处的办公室里一一提过来又给我们摆放好的。

每次上课时，李汉平老师和蔡劲松老师总是来来回回绕着偌大的教室一圈圈走着，认真地看着我们每一个人作画，不时停下来给我们指点，或者手把手画给我们看。李汉平老师对我们要求严格，一点点的错误都会给我们指出来，然后自己耐心地跟我们讲解，让我们再去画，如果说李老师是"严师"，那蔡老师就是"慈教"了，他总是能发现我们的优点，即使画得不好，他也总是微笑地告诉我们很不错了，不要着急，慢慢来，鼓励我们继续画下去，不要放弃，让我们重拾了信心。正是这一严一慈，让我们每节课都有收获，进步也非常快。

大家每个人的水平不一，作画速度不一，即使教室里只剩寥寥几个人了，老师们还是会陪我们到最后，有时甚至下课后很晚还在教室里看我们练习。

我们的课在周日，我现在想想，周日对我们来说是课余时间，但是对老师而言却是难得的休息时间，但是老师们却把自己的双休日变成了工作日……

所以，课程结束，想对所有为这个项目付出汗水和辛劳的老师说声感谢：谢谢你们前期辛苦的准备，谢谢你们这一个月悉心的陪伴，谢谢你们为我们付出的每一滴汗水。

至于报答，我想其一，我们会牢牢记住，把艺术融入生活与学习中，以后更加努力地学习。其二，我们会向老师们学习，把这份爱与付出牢牢记在心底并传承下去。

感谢，感恩。

所求道韵

陈俊瑞 / 北航机械工程及自动化学院 2013 级本科生

想学国画许久了,却苦于不得其门而入,且又囿于时间,不曾有机会好好钻研,只可惜幼时将兴趣都花在作文上了。而今,有此次机会,定是不可庸碌而失,要学些知识才好。

生疏的笔尖,跳动的颜色,却是很难得到自己理想中的效果,无奈于国画水平的低下,只能悻悻然地藏起一张又一张失败的作品,带回去自己孤芳自赏。一直觉得,绘画取决于灵感与技巧,创意的好坏、技巧的展现将决定作品的整体价值。如今发现灵感与技巧也并非人人都能言而论之。不经历大量的绘画练习,不把握绘画的手感,莫说于创作,便是最基础的颜色都未必能调成随心所愿。以前觉得难度不高的成果,如今实际操作却发现并没有自己想的那般简单。

先是要感谢老师的付出,让我发现了身为一个老师的敬业,以及身为一个艺术家的专注。每次活动,常常便是一整个下午,不同于别的老师,李老师整整一个下午的教学,似乎不曾有一点倦意。

对于原本像我这样的外行来说,看一张作品,并不能看出什么特殊的东西,以为所谓的意境,所谓的情感,只是寄托在画家本身虚无的念想之中。但通过了解作品的创作过程,我发现了原来作品确实也有生机。不谈深层次的意境,光是从创作技法以及整体布局上来说,好与坏便有天壤之别。学生临摹初成的画卷,似乎总是显得那么生硬,虽然对于初学者而言已经算是不错的了。然而经过老师那么寥寥几笔的修改与衬托，竟发现原本乏味的场景竟然活了，绿叶开始衬托花的娇艳，果实透露着成熟的气息，突然发现，原来艺术就是这么神奇。

  常说字如其人，一个人书写的字体往往能表现出一部分的性格。但对于一个文人而言，我觉得画如其人也许更合适些。曾经也看过不少的画展，虽说创作水平不高，但也有些基本的鉴赏功底。我总是讶异于那些所谓画家作品中所展示的内容，多以山水人家为题材，无法置疑他们的创作手法与技巧，但如此千篇一律的主题很难让人有耳目一新的感觉，大同小异，不胜其烦。无可否认，大多数画作在美的层次上似乎还算不错，但在真与善的层面上却总是觉得差了那么点东西。我不知道现实中是否还存在如画般美丽隽永的场景，也或许这如画的江山都是画家心中所念于现实的映射；我也不知道一些画家是否真有那么多闲情雅致，悠闲地在滚滚红尘中徜徉。画面确实够美，却是空洞的意境，没有现实的依托，明明没有那样的心境，却要如斯表述，终究达不到第三层的山水之美，只能让试着去理解这幅画的人不置可否地一笑。附庸风雅确实让人耻笑，但文人的附庸风雅却是可耻与令人无奈的。

  所求道韵，即为心境。而琴棋书画，皆不过为心所念，情之所往。

  很遗憾地，许多传承均在一场场灾难与意外中断绝。但所幸精神不曾断，所求之道，依旧薪火相传，朝闻道，夕可死矣。国画只是中国艺术的一小部分，但依旧能让我感受到欣欣向荣的味道，老师的谆谆教诲、学生的热情洋溢，见微知著，希望其他亦如是。

千娇百媚　不如丹青

程元晨 / 北航知行书院 2014 级本科生

在进入"中国花鸟画赏析与创作"研修班之前我已经很久没有学习过国画了,上一次还是去年刚开学军训的时候潦草地画过几笔。偶然听见同学说起北航文化与艺术传播研究院将在 5 月至 6 月间邀请著名花鸟画家李汉平教授驻校开设"中国花鸟画赏析与创作"研修班的消息,我对国画的学习热情被点燃了。小时候学习国画的记忆残存无几,只隐约记得"意境"的重要性。抱着希望深入了解国画艺术和文化的态度,我参加了这次学习。

学习的方式前几次以老师讲为主,从用笔用墨到色彩,直到我们可以正式提笔临摹、作画。老师的讲解很细致全面,随着老师一字一句对国画的解读,我对国画基础知识的了解增加了。"墨有五色",从深到浅,从墨到水,从笔尖到笔肚,从勾勒到浸染,每一笔都是墨与水的交织,每一次下手都是深思熟虑后的顺其自然。国画因为墨、水、笔的各种特点,不允许删减已经画上的笔触,因此比起西画更要求一笔到位。老师说"下笔前多想想,进步会特别大",这是中国画画法的智慧,胸有成竹,才能叶叶有神。

老师强调意境的重要性,这是国画的精髓。"江寒水不流,鱼嚼梅花影。"这是画面情景构造上的意境,是通过画面物体间的联系体现一种诗意。说到国画的诗意,一方面中国画与诗歌是相互映衬的,国画的题诗能使画具有神韵;二是国画的美感与诗的美感相通，都是打动观赏者的对生活美的感悟。老师还说，国画与许多艺术都有联系，比如篆刻，印章在国画中的作用也很重要，不仅可以丰富颜色，还能使画面的比例协调均匀。"烂如秋空云，浩如沧海涛"说的则是另一种意境——"写意"的意境，这是老师强调的重点。写意与工笔相对应，是国画中表现意境的重要方式，浸染多过勾勒，生宣上水墨的走势俨然一脉不可停止的心绪涌动。不用刻意强调形似，下笔到位也不是反复描摹，国画强调的是事物的内在精神，一种画者与画的共鸣。

国画中一个重要的绘画技巧是虚实结合。正如老师强调的"这边密，另一边就要松。"画竹子，几丛竹子层层叠叠，一边可以密密匝匝，一笔压着一笔，遒劲的笔锋重叠出黑云压城城欲摧的意味；另一边则是白白净净云淡风轻，一片竹叶也不添，颇有皎皎白月空秋毫的意味。我认为，虚实的另一种解读是用笔的虚实。素描里，深色部分要用软芯笔，之后再用芯硬一些的笔添上去，高光的部分要用橡皮，模糊的部分要用纸笔擦……中国画却只有毛笔。毛笔柔韧无力，手腕高悬却能笔力万钧。一支笔可以画尽虚实。笔尖蘸浓墨，笔肚蘸水，一笔下去便会由实到虚，渐渐浸开。随着笔锋的转变，还可以由细到粗，由线到面。虚实的控制实际上从笔开始，这个概念放大后就成了画面的虚实。

我之前画国画的时候常常是发呆的，觉得水墨既然不受控制，何必再去控制。但听了老师的讲解，我开始思考更多，渐渐发现自己在画的时候是欢喜的。这种开心的情绪从第一笔开始，随着墨的渐染渲染开，一滴一笔渐渐染开的墨是那么可爱。国画是一种艺术形式，需要胸有成竹，需要笔握虚实。国画也是一种中国精神，国画发源于道家,生而为意境,追求平衡、自由的"意"。国画更是一种思维方式、一种生活态度,以柔克刚,在黑白中变幻,意中有情。

人间有味是清欢,一只墨笔,三两颜色,一张宣纸,袅袅题款。

千娇百媚,不如丹青。

焦浓重清淡　墨痕尽缤纷

葛枭语 / 北航人文与社会科学高等研究院 2013 级本科生

艺术之于我，长期以来是一团可望而不可即的圣火，清亮却遥远。而这回参加北航驻校艺术家计划"中国花鸟画赏析与创作研修班"，使我得以一窥艺术之殿堂。

铺开画纸，沾染墨迹，调制浓淡，尔后任由墨色在画纸上恣肆流淌，耳畔风声响，笔下芳菲生。每次课程，都是在这样从容恬静的时光中度过。

水墨用多了，似乎也开始体味其中的深意。无论焦浓重清淡，从笔锋点染于纸面开始，水与墨便在画纸上失去控制地延展，丝毫的犹豫或考虑不周，都会使水墨与心中的图景相去甚远。下笔便难再挽回，故古人强调胸有成竹，果真是水墨画不可或缺的过程，唯有将形神了然于心，而又使笔锋干湿浓淡恰到好处，才能干脆利落地令芳菲跃然纸上。下笔便不能后悔，也无人能再复刻出一模一样的墨迹，大概我们的生活也正是这样。

让时光慢下来、静下来，细心体会每一笔墨色的精彩与缺憾，水墨画实在并非 Photoshop 一样掌握技巧就能完成作品的项目，而要付出时间慢慢研磨自己对于笔、墨、纸和物象之形与神的体悟，让一些微妙的细节成就满纸的缤纷。大概真正的艺术都是如此，技法总在其次，倾注自己的心血与感悟才能使艺术作品获得生命。时而在画纸上一层又一层晕染着墨色，时而在一旁从容地等候着下一笔的时机，我们都应该这样慢下来，把岁月中的缤纷细细品味。

把竹叶画得像树叶一样呆板，把兰草画得像野草一样粗粝，我们都太习惯于严整刻板的生活，总是执着于理性而整齐的世界。然而如一幅绝妙的花鸟画总少不了错落有致而并非整齐对称的景物一样，生命中又会有哪几件事尽如人意地完美而严整呢？总有缺憾，总有不对称，总是有时疏有时密，这也是美，是一种真实的美，或许这就是生活与自然本身。而艺术正想还原这样的本真。

这就是我心目中的艺术。艺术有用吗？它的存在不是为了"有用"，而正是为了对抗"有用"。当我们都在神色匆忙地追求着速度，当我们都在执着顽固地追求着完美时，当我们都在战战兢兢地追求着"有用"时，是生命中那些"无用"的东西支撑着我们，而正是艺术支撑着那些"无用"的东西。

拂袖起舞于纸面，勾勒的缤纷蔓上心扉，草木花叶，夏雨秋风，自然与生命的美好在笔尖静静流淌。

最后的作业画的是竹与兰。我本想描绘的是"竹亦何慌，兰亦何伤"的景象，无奈功力尚浅，难以借笔锋抒怀。但画确能表达画者的内心，不经意间竹叶已被我画得杂乱而躁动，我苦笑着觉得暗合我连日来的心境，看来艺术确实是表情达意的利器。我就这样静静地勾画着，墨色由浓转淡，墨痕由深化浅，笔锋由疾而徐，享受着时光从容的徜徉，在浓淡深浅的水墨中，看尽岁月的缤纷容颜。

学习花鸟画课程有感

管旭 / 北航宇航学院 2014 级硕士生

时间过得很快,为期一个月的"中国花鸟画赏析与创作"研修班结束了。在这短短的一个月时间里,我们有幸得到中国画大师李汉平教授的指点,见识了很多李老师和历代国画大师的作品,并临摹了其中一些作品。虽说各个同学的绘画基础参差不齐,但最后经过李老师"点石成金"的修改,落好题款,盖上印章,也还都像那么回事。

我们这次研修班画的是写意花鸟画。写意画的创作速度还是很快的,大笔一挥,一个小时内就能完成一幅作品,但是,作品的档次就因人而异了。大笔一挥看似简单,可究竟怎个"挥"法还是很有讲究的。用中锋还是逆锋,用浓墨还是淡墨,墨、水和国画颜料的混合比例,画面的布局等等,这些都需要丰富的经验。李老师的一笔,粗细浓淡、色泽变化把握得恰到好处,我们的一笔却总是跟自己想要的效果不一样。因此写意画的创作速度虽然快,但倘若没有经过长期的训练,画出来的东西还真不行。尽管中国画不求"形似",但如果连"形似"都做不到,"神似"就更是空中楼阁了。中国画的"神似"并非不要"形",只是说不像西方写实绘画那样拘泥于"形"罢了。

说到中国画和西方写实绘画的差别,李老师在课上谈到过,我个人也有一点儿感悟。西方写实绘画是对现实事物的客观描述,是照相技术的前身,似乎已经被照相技术所取代;中国画不仅描述客观事物，更注重表达画家对客观事物的感觉，因此是照相技术没法取代的。相对于写意花鸟画，我觉得白描人物画更具有空灵、飘逸的中国画气息，尤其是号称"吴带当风"的吴道子的白描人物，看了吴道子的白描人物我才真正体会到什么叫"简约而不简单"。

不过有意思的是，在对中国画空灵、飘逸气息的继承上，我们中国的动漫界远不及日本的动漫界。日本动漫的成功举世瞩目，看看白描人物画，再看看没上色的日本动漫，二者都是线的艺术，而且后者承袭了前者空灵、飘逸的气息，这种气息在欧美动漫里是找不到的，很可惜，在当前的中国动漫里也找不到。虽然说艺术无国界，但艺术家还是有祖国的，如果我们引以为豪的中国画沦落到靠一群金发碧眼的"中国通"或者某些老来中国取经的邻国友人来传承，这岂不是太悲哀了？

因此，我觉得"中国花鸟画赏析与创作"这类的课程要多开设，要让更多的中国人尤其是年轻一代，拿起毛笔和宣纸，回归传统，好好地用心去感受中国画的智慧。不仅是中国画，其它所有的中国传统文化领域都应当这样，因为这些文化是中国人的"根"，一个忘记了自己"根"的民族是永远无法真正崛起的。

笔墨中流淌的艺术

郝金晶 / 北航交通科学与工程学院 2013 级本科生

由于受到家庭的影响，我从小就跟随祖父和父亲学习书法，对我而言，最早接触到的也是对我影响最大的艺术，就是笔墨中流淌的艺术。

也许在许多人的眼里，相比起音乐、歌舞、影像等艺术形式，中国传统的笔墨显得过于单调了，因此也逐渐被世人所冷落。这样的态度使笔墨艺术成了阳春白雪，了解的人越来越少，能精通的人更是凤毛麟角。然而在不断学习书法的过程中，我对中国传统艺术中的笔墨趣味有了自己的认识。尤其是在参加了此次花鸟画研习班后，我对笔墨艺术有了更为深刻的感情。

一支笔、一方砚、一锭墨、一张纸，这些没有生命的物品却可以通过一个人的演绎变成一幅传神的作品，传达丰富的感情，这是笔墨艺术的魅力。

艺术的学习是一个从模仿到创作的过程，而书画的学习离不开对古法的练习和对古作的临摹，这仿佛为习作者提供了一个与古人对话的机会，在时空交错中任凭思想天马行空，这是笔墨艺术的魅力。

艺术作品能够表达创作者的思想，有了手中的笔墨纸砚，可以随意宣泄自己的感性，或是幽怨的，或是豁达的，或是消极的，或是狂放的，展现最真实的、最丰富的内心世界，这是笔墨艺术的魅力。

艺术作品想要传神，靠的不是矫揉造作，而是自然的流露，这为人们提供了一个亲近自然、感知自然、美化自然的过程,所谓艺术源于生活而高于生活,这是笔墨艺术的魅力。

当然,对魅力的感知最初的来源是兴趣,笔墨艺术也是这样。在本次国画研习班的课堂上,我在作画的过程中深深体会到了笔墨的趣味。墨色的焦重浓淡,搭配上或湿或涩的笔触、或饱满或散乱的笔锋,便可以勾勒出不同的物象——涩笔战锋便能诠释挺立的枝干,湿笔顺锋便能表现饱满的花朵,秃笔逆锋便能画出绒毛羽翼……若再调以颜色,一幅幅生动的花鸟小品片跃然纸上。在学习的过程中,自己不断用心揣摩用笔用墨的诀窍、不断揣摩描摹物象的方法,看到自己一点一滴地进步,看到自己手中的笔在白纸上勾画出美丽的图案,心里便油然而生一种满足感。画作的陪伴,让我忘记了学习的苦恼,让我忘记了生活的烦闷,沉浸在自己的作品中,完全按照自己的意愿创作一个崭新的世界,真是"此中有足乐者,不足为外人道也"。

显然这次花鸟画研修班对于我来说不是结束,而是开始,开始对笔墨艺术全新的感知,开始对笔墨艺术一生的传承。

艺术，生活中离不开的羁绊

何可人 / 北航人文社会科学学院 2014 级硕士生

我心中的艺术从来不是高不可攀的，它来源于生活中的点点滴滴，每个人都有机会也应该制造机会去接触和感悟艺术。很荣幸这个学期参加了北航文化与艺术传播研究院组织的"中国花鸟画赏析与创作"研修班，跟随李汉平教授学习花鸟画。经过半个多月的培训，我初步掌握了花鸟画入门的技巧，也有了一幅得到老师肯定的作品，这对我是一种莫大的鼓励，也更加坚定了我在空闲时间学习绘画、追求艺术的决心。

一个人无论贫穷还是富贵、无论学什么专业、无论在什么年龄，只要是有想法都应该去接触一些艺术。无论是画画还是书法、诗歌还是文学、音乐还是电影，都能帮助你更好地去理解身边这个可爱的世界。

人天生只有一个大脑，可是神奇的是一个大脑被分为了两个半球。左半球负责语言、概念、数字、分析、逻辑推理等功能；右半球负责音乐、绘画、空间几何、想象、综合等功能。人类通过几亿年的进化变成今天这样的大脑构造，有专门的器官来负责掌管与艺术有关的一切事物，足以证明了艺术是人类与生俱来的需要，是每个人都应该追求的事物，也是每个人都离不开的必需品。

人们在学习和工作的时候需要高度的自制力，需要全身心的投入，忘却周围的一切干扰。这个时候的人是孤独的，感觉是枯燥的。

但当人们完成了任务,从高度紧张的状态中脱离出来的时候,就需要用艺术来进行调节,让大脑得到放松。

也许有的人会问:为了解决温饱的问题我每天都要拼命工作(学习),哪来的时间、精力和金钱去研究艺术呢?

其实,艺术对每个人都是平等的,艺术在生活中无处不在,只要有一双善于发现的眼睛,每个人都能接触到不同类型的艺术。

没有时间其实是一个借口,早上洗漱的时候听一听马克西姆的《克罗地亚狂想曲》,振奋心情开始慢慢地迎接新一天的挑战;乘坐公交上班或者上学的路上用手机就可以看看世界名著《茶花女》;下午回家的路上可以用手机欣赏莫奈的《睡莲》系列画作;晚上睡觉前看看经典电影《肖申克的救赎》,最后伴着舒伯特的《小夜曲》入眠。周末的时候还可以报一个绘画或者书法班,甚至在网络极其发达的今天,直接在家里就可以通过观看网上的教学视频来学习。

没有精力也是一个借口,现在很多人都患上了"电脑手机依赖综合征",每天有空的时候就开始玩电脑刷手机,把零散的时间甚至大块的时间用于关注一些碎片化的信息,久而久之人们就习惯了这种碎片化的阅读,变得浮躁又焦躁,根本没有耐心去阅读一整本书或者一篇长的文章。同时现代人为了追求效率,往往同一个时间在做几件事情,还美其名曰"多线程工作",其实这样不利于培养注意力,只有在一个时间段专注做一件事情才能把事情都做好。可以把每天零散的时间利用起来,从事与艺术有关的事情,比如绘画、书法,只要坚持一段时间,就能看到明显的效果,在紧张的学习工作之余用艺术来陶冶情操,放松身心,又何乐而不为呢?

没有金钱更是一个借口,艺术有很多种类型,既有阳春白雪,也有"下里巴人",中国劳动人民在生产生活过程中创造了很多伟大的艺术类型,不论你的收入处于哪个层次,你都可以接触到各种类型的艺术形式。更何况现在互联网上有很多开放的资源,可以免费获取,大大方便了人们对艺术的追求。

综上所述,只要有强烈的兴趣和执行力,就能克服生活中没有时间、精力和金钱的问题,随时随地与艺术同行,让艺术融入生活中,使生活充满色彩。

以前我也总是拿没有时间、精力和金钱来作为自己缺少艺术修养和艺术气息的借口,也曾抱怨过在北航这所理工科氛围浓厚的校园里没有适合文科学生培养人文气息的土壤,当然也曾试图努力抽出一些时间来培养自己的文艺气质。可惜这些借口、抱怨和努力终究都化为虚有,不见效果。可喜的是,在北航生活到了第五个年头,一点一滴目睹了北航从零星的文化氛围逐渐有了燎原之势:从重视学生的学术科研能力到看重学生综合素质,尤其是人文素养的培养,从修建各类实验室到把文化景观和建筑雕塑也融入其中,从缺少文艺类的讲座到各种类型的讲座培训逐渐增多……这些变化体现了校领导和老师们的用心,更能让学生们真正有所收获。我从心底感到喜悦,也希望有越来越多的学生能够从这些举措中受益。

花鸟画学习感想

李乐伟 / 北航航空科学与工程学院 2013 级本科生

北航虽说是以工科著称的学校,但是多样的公选课以及丰富的博雅课堂在提升我们的文化素养的同时也体现了学校对人文教育的重视,而驻校艺术家计划又为我们提供了非常好的平台。非常幸运,我选上了本期"中国花鸟画赏析与创作"课程,并且收获很多。这门课区别于其它公选课之处就在于,它不是以前那样以老师单调的讲授为主,而是让我们拿起毛笔,铺上宣纸和毛毡,真正地挥毫弄墨。在绘画过程中,我不仅提高了自己的艺术修养及艺术鉴赏力,为墨的各种变换而惊叹,而且在绘画过程中陶冶了情操,对国画产生了浓浓的喜爱之情。

首先,老师从花鸟画的历史讲起,对花鸟画在各个时代的发展及主要特征做了简要介绍。老师讲了各个时代代表画家的代表作并为大家进行了展示。大家喜爱的画作实际上也体现了时代特征和人的追求——竹、菊、荷是大家最喜欢画的,从一定程度上体现了艺术家的人生追求。同时老师着重强调了写意,即不一定要形象,灵气到了、意境到了自然就像了。这让我体会到,画作的好看与不好看或许不是最重要的,鉴赏一幅画要从多个层次进行,内容、气质等等都是重要部分,艺术的魅力也正是在于没有标准,它是一种心境、性格、心胸的体现。

接下来就是创作部分了。因为习惯于素描的画法,一开始我拿着大大的毛笔不太敢下笔,但是老师强调一定要敢画,不要胆怯更不要来回描摹,一笔下去的力道和样子就应该是它最终的形象。慢慢地,我渐渐适应,画出了看起来很不错的画。拿去给老师评价,老师一语道破——枝干看起来没有力度。我与原画比对发现的确如此,粗细倒不是最重要的,而是画家的原画看起来苍劲有力,而我的看起来软软的。老师强调笔要按下去,然后开始画,同时要有侧锋、中锋的转换,使枝干粗细有变化,这样看起来就真实了,但是都要一笔画完——这样才能既连续又有变化感。我按照老师的方法,用笔有变化,浓淡有变化,终于完成了画作,感到非常开心!看着自己的画和印,那份喜悦难以言说!

通过花鸟画研修班,我学到了许多。老师的负责任让我感动。老师会亲身教学,将同学画得有问题的地方自己再演示一遍,我们就明白了许多,也让我们渐渐学会了每一笔的方法。同时老师也会走到作画的同学旁边,单独辅导,指点迷津。除了提高了自己的艺术鉴赏力,通过作画,从一定程度上我体会到了勇敢——要勇于下笔,不下笔怎么会知道自己会画出什么样子呢?生活中也是如此啊!不能因为瞻前顾后就不去做,要勇敢踏出第一步。同时,我锻炼了自己的耐心与坚持。

在画画过程中,有时候一笔画错了,就不想画下去了。但是坚持画完之后会发现,一两笔的差池并不会影响整体效果,重要的是要坚持有耐心地继续创作。非常感谢花鸟画研修班让我与国画结缘!

花鸟画课程感悟

李田田 / 北航文化与艺术传播研究院 2014 级硕士生

能够参加这次花鸟画课程我感到十分的荣幸。一直以来我都感觉艺术与我的关系并不大,对于艺术也仅仅是处于观看欣赏的层面。这次能够亲自动手创作一幅花鸟画,我感觉既兴奋又紧张。

当我收到"中国花鸟画赏析与创作"课程班的通知时,大脑对于写意花鸟画的概念是一片空白,特意上网查了一下,花鸟画中的画法有"工笔"、"写意"、"兼工带写"三种。写意花鸟画是三种花鸟画类型中的一种,相较于其他两类画法,写意花鸟画是用简练概括的手法绘写对象的一种画法。中国花鸟画形成了以写生为基础,以寓兴、写意为归依的传统。所谓写生就是"移生动质",就是"变态不穷"地传达花鸟的生命力与各不相同的特性。所谓寓兴,就是通过对花鸟草木的描写,寄寓作者的独特感触,以类似于中国诗歌"赋、比、兴"的手段,缘物寄情,托物言志。所谓写意,就是强调以意为之的主导作用,就是追求像中国书法艺术一样淋漓尽致地抒写作者情意,就是不因对物象的描头画脚束缚思想感情的表达。

看完这些比较专业的解释,我对写意花鸟画有了一个模模糊糊的认识,但还是不太明白,真正看到李汉平老师的画作时,和自己高中历史课本上看到过的《清明上河图》一对比,似乎对写意的意思有了比较清楚的了解。写意画的用笔更加复杂,而且当我第一次拿起毛笔作画时,看别人画很简单,但是自己对笔尖却完全控制不住,而且越想控制就越控制不住，越控制不住就越心急。

后来画了几幅又和其他学员交流后，我逐渐明白，开始画得不像是一定的，形似并不是初学者应该追求的，写意画对用笔要求既高也低，想画好需要数十年如一日的苦练，但是对于不会用笔的初学者而言，首先是对于画面整体的把握，即便用笔不够到位，但是构图把握得好也能画出一幅不错的作品。

参加这次花鸟画课程对我自己来说是一段十分特殊和难忘的经历，它会永远留在我的记忆中。

让生命多一种色彩

刘颖 / 北航交通科学与工程学院 2013 级本科生

很久以来,从不知道艺术与我有何关系。作为一名标准工科女,早上六点起床,晚上十一点睡觉,上课、上自习,没事玩玩手机,似乎两年来都是这样平淡而又规律的生活,并没有特殊的爱好,也更不知道艺术对于一个工科生有何影响。

也许只是因为在单调的世界里生活了太久而感到厌倦,突然很想有一些什么事情来改变这种枯燥无味。恰巧看到"中国花鸟画赏析与创作"研修班的招生通知,我以一种好奇的心情来到了花鸟画的世界。我不得不承认,我是十分愚笨的,没有任何书法绘画基础,完全从零开始,然而,我也是幸运的,虽从未接触书法绘画,却拥有了最饱满的热情和喜爱。从最开始的临摹,到一点点自己的改动,从望着别人的习作好生羡慕,到自恋地反复看着自己笔下的小动物。不得不说,我爱上了这个五彩缤纷的国画世界。艺术从不会以其高门槛拒人千里之外。艺术,源于生活,花鸟画更是源于生活。一枝竹叶的挺立、一丛芦草的被风吹动、一只鸟儿的引吭高歌、一群小鸡的争先恐后,如此种种,在毛笔下的世界里一一被呈现出来。挥笔的那一刻,你才会知道,那与自然是多么亲近;挥笔的那一刻,你才会知道,原来小时候对于自然中万事万物真切的观察又可以在这一刻重温。

学习花鸟画期间正是这个学期中较为忙碌的一个阶段,恰在考期之前，各种事情一拥而上，我也是这手足无措的忙碌者中普通的一员。然而，当这一个月过去，我也惊奇地发现，除了把原定的事情全部保质保量完成，我的每周6个学时的花鸟画课程一点没有落下，反而每天能够有时间静下心来练几个小字，画几笔枝叶。

  时间从来都是海绵里的水，挤一挤总是有的，只是太多时候就在玩手机发呆的时候被白白浪费掉了。然而被花鸟画艺术深深吸引之后，我却觉得时间能够更好地被利用。其实，只要放下手机锁紧屏幕，我们就能够回到这个真实的世界之中，就可以让生活多一种色彩。睁大眼睛，去观察生活中的一草一木，拿起画笔，去勾勒这个世界的点点滴滴。于是，你会发现，整个世界原来是如此五彩缤纷。静下心来，必会感受到，人生的美好在于每日的新鲜而不是千篇一律。

  生活，就应该留一些时间给艺术，留一点空间给更多的色彩。不得不承认，北航这所学校的工科氛围实在浓厚，学业也十分繁重，但是，生活是由自己把握的，我们每个人都不是别人的复制品。为了保研、考研、出国、拿奖学金等等，很多时候大家把精力全部放在提高自己的成绩上，久而久之，生活就会变成一潭死水，毫无波澜。为何不去投一颗石子，让波澜激荡你的思绪？为何不去滴一种染料，让生活多一种色彩？只有你热爱生活，生活才会回报你以同等的热爱。

  拿起画笔，告诉别人，你的世界是如此多彩；拿起画笔，告诉生活，你是如此深爱。

花鸟画课程心得

倪坦坦 / 北航文化与艺术传播研究院 2014 级硕士生

在为期一个月的山水花鸟水墨画学习的过程中,我深刻地感受到了水墨画的博大精深。中国山水画有着悠久的历史和灿烂的文明,经历了众多画家的发展与传承流传至今,其技艺手法千奇百怪,变化无常常常使人拍案叫绝。而在这次的学习过程中,我也领略了李汉平老师精湛的画法技术和坚定的力量。

从刚开始的水墨配比到着墨下笔再到最后的颜色渲染,每一个步骤都能体现出画作者的心境。很多人把山水花鸟水墨画叫做写意画,究其原因更多的是每个人在创作时的心境不一样。"一千个读者就有一千个哈姆雷特",水墨画也是一样,不同的人看到的景物美感不同,其创作的角度也就不同,但是创作大家则能够将捕捉山水、花鸟等景物的多重美感,加之其对颜色的选择与配比,在平常之处给我们惊喜。

我觉得在学习的过程中,最重要的就是对墨的使用。也是在李老师的教导下,我才知道了墨在山水画中的重要性。墨虽然只有一种颜色,但是单一的墨色在宣纸上的创作却能使画面呈现出色彩的变化,以此完美地呈现物象本身。通常在我自己的认识中,墨只有深浅、浓淡之分,但是通过学习水墨画才知道墨色有五种颜色:干、湿、浓、淡、黑,而这五种墨色的使用方法不同在白纸上表现的意境也不尽相同。干墨中水分较少,颜色较深,通常表现出苍劲的意趣。

湿墨中加水多，使用时通常与水调匀，用于渲染，常用于表现细微之处的湿润之感。淡墨墨色淡而不暗，多用于画远的物象或物体的明亮面。浓墨与淡墨不同，为浓黑色，多用于画近的物象或物体的阴暗面。黑墨则比浓墨更黑，通常表现墨色中极黑之点，有提神醒目之功效。在学习山水画过程中，我也深深体会到了用墨的精髓。用墨不当就会造成整幅作品的失败，所以在练习中也是因为墨色的不均匀和不调和导致一次一次的失败。另外墨笔的使用方法也深有讲究。"画法之立，立于一画"。一画者，一笔也。即万有之笔，始于一笔。因此在学习和练习中应尽量使用各种笔法来表现不同物象的角度和意蕴。

　　古人说：向纸三日。就是说对着白纸多多构思，把对象先在脑子里形成一张独立的画的时候再开始动笔。而成语"胸有成竹"也就是这一说法的充分表现。所以希望自己能够在日常生活中多注意，多留心，仔细观察景物，发现自然之美。

参加花鸟画研修班有感

裴天翼 / 北航自动化科学与电气工程学院 2013 级本科生

我从初中起就一直练习软笔书法，对于国画只是跟家人学过一点简单的梅花、竹子之类的。对于一个写惯了欧楷的人来说，一笔一划、合乎法度地落笔几乎已经成了一种习惯。前年画小写意山水的时候还好，起码每一笔我都清楚是在勾勒什么。然而到了写意花鸟画的课堂上，对于那些深深浅浅的墨色所描绘的世界，我却始终无法细究，总是要驻足远观才能看出那片水墨究竟代表着什么。于是最初，我面对着画帖、宣纸，是无从下笔的，既看不懂，也画不出。

然而幸运的是，老师不畏辛劳总是给每位同学做示范指导，我得到了很多观摩学习的机会。那种看似随意，实则暗含法度的艺术方式渐渐地被我所认同、接受、理解乃至运用。这种大片墨色渲染的看似单调的创作，实际上是融合了现实与幻想，随意又合规的艺术。墨色深浅的变换之中蕴含着连绵不断却层次分明的美感，夹杂着一点朱砂或者花青，更加显得跳脱灵动。

当然，在这看似随意的下笔之前，要先在心中想好如何构图，不过也基本没有什么束缚和限制，国画中留白更是独具特色，素来有"疏可跑马密不透风"之说。在画面构型上，吴昌硕有过名言："奔放处要不离法度，神微处要照顾到气魄。"说得就非常精炼深刻。我比较有体会的就是画花枝或者竹子，先要屏住呼吸，从纸的下端，气脉贯穿地画到上端，不过要注意四周不能靠边。把主枝画好就可以在一边勾勒其他的了。上色也要以稳重为上，最好不用太过轻浮的颜色。因为所画物象组合比较简单，还有大面积的留白，所以题款和印章也成了一个必不可少又能起到画龙点睛作用的环节。

　　水墨画的风格有很多种，我们可以选择古朴厚重，也可以选择轻盈灵动，它不是一道数学题，只有一个正确答案，而是留给我们很多自由发挥的空间。就像人生，有千百个选择，无关正确与否，自己喜欢就好。我认为这也就是国画被称为艺术的原因：它离生活那么近，那么像，让人从中可以感知到人生的哲理。国画取自于生活，又将其中的体会心得带回到生活，哲学还是艺术，理性还是幻想，正如墨色的氤氲重叠一样难以分离，也许这些本身就不矛盾，一切都存在我们的生命之中。

　　游过园方惊梦，真正研究才知水墨丹青间有如此的玄机，而当时只道是寻常。既然园中姹紫嫣红开遍，我怎忍它们都付与了断壁颓垣，那么就让我一直追寻下去，让水墨陪伴我一生。

花鸟画研修班课后感

彭厚吾 / 北航宇航学院 2014 级本科生

这学期,我选修了由李汉平老师授业的"中国花鸟画赏析与创作"课程,收获颇丰。

早在递交申请时,我就表达了希望提高艺术素养,并不局限于花鸟画之一技所长的宏大愿望。现在,课程结束,我认为,我的愿望实现了。

单论花鸟画而言,我学到了许多技法与理念。最中心的理念就是写意不写形,走心不拘泥于形式,画出品格,画出精神,方为国画之佳境。在这一理念的指导下,我不再勾勾描描而是挥笔而就,我不再在意花是红的、草是绿的,而更在意简单的墨色。笔法是中锋还是侧锋,效果迥然不同,我笔是蘸墨的,干湿而显出万种韵味。我学会的并不只是梅、兰、竹、菊的画法,更有梅的坚毅、兰的清雅、竹的刚直、菊的淡然。

在李汉平老师的课上,我体验到了全新的教学模式、艺术的研习方式,那就是理念先行,实践其后,自我反思,自我升华。实践过后,自己的长处、自己的问题都能透彻地找到。在此之后,看老师的示范与讲解,更能找到最适合自我的重点。这是教育的一种创新,是艺术家教授的教学方式。

这门课带给我最大的收获就是看世界的方式的改变,可以称之为艺术素养。世间的一草一木、一鸟一虫皆有品格,皆可入画。或许,收入我眼的并不是喜鹊其实形,而是浓淡相宜的几根线条,透出喜鹊式的活泼与生命力。中国画的研习不止能够中和我辈理工科生僵化的思维模式,更能激发出强大的精神力量。

总而言之,能够在大学里学习中国花鸟画的赏析与创作真是太好了。

学习花鸟画的心得感悟

尚芃超 / 北航宇航学院 2014 级本科生

转眼间,为期一个月的"中国花鸟画赏析与创作"研修班的课程就要结束了,回顾这一段时间的学习与创作过程,我感觉自己收获了许多,既有对传统文化的认识,也有对中国传统水墨画的进一步了解。

以前我总认为艺术是一件高大上的事情,不是所有人都能谈论艺术,对"艺术"二字也往往敬而远之。可是,通过这次花鸟画赏析与创作课程的学习,通过李汉平老师详细的讲解和认真的示范,我逐渐感受到了中国传统水墨画中蕴藏的许多乐趣。从构图到运笔,从用墨到着色,从题款到印章,李老师做了详细地讲解,并且进行了示范。在老师的笔下,不同的墨与水的比例,在宣纸上呈现出变幻莫测的色彩和图案,这就是中国水墨画的奥妙所在,只用墨和水就能描绘出异彩纷呈的大千世界。

在提笔作画的过程中,我逐渐领悟到老师所说的"让笔势富于变化",通过明暗、浓淡、疏密的对比,让画面活起来,而不是显得呆板。通过不断地练习,及时向老师请教,我掌握了一些简单的运笔方法,也在创作的过程中感受到了中国传统绘画的独特魅力,同时也体会到中国传统文化的博大精深,需要我们不断地感悟和传承。

我感到十分荣幸,能参加这次"中国花鸟画赏析与创作"课程,有机会向艺术大师学习绘画技巧,欣赏传统绘画精品,感受传统艺术的魅力,既是对课余生活的极大丰富,也让我收获了一份珍贵而美好的记忆。在此,也祝愿我们的驻校艺术家计划能持续开展,让我们有更多的机会去学习、去感悟中华传统文化的博大精深,更好地了解和继承中华民族的文化瑰宝。

领会艺术的魅力

石奇玉 / 北航航空科学与工程学院 2013 级本科生

本学期我有幸选了李汉平老师主讲的"中国花鸟画赏析与创作"研修班的课程，第一次接触国画，领会了中国水墨的魅力。在被国画的各种技法吸引与折服的同时，我也在画的过程中体会到了创作的乐趣，培养了自己的耐心。

首先，老师简单对花鸟画的发展进行了介绍，使我们对花鸟画有了最基本的了解，然后老师又层层递进，讲了花鸟画的笔法和着色的要点、构图的方法等，同时为我们示范了竹子等的画法。

在创作的过程中，我深深为水、墨、毛笔的融合所达到的千变万化的效果所折服。看似相同的步骤，看似简单的画法，在用笔方式、力度的调节下能达到浓淡不一的各种效果，简单的颜色却能勾勒出形象有力度的画面。

俗话说，说起来容易做起来难，在画的过程中我深深体会到了这一点。比如说竹子，枝干需要有力度，而叶片需要显得灵活，画面的整个叶片分布和枝干分布都有讲究，只有做好了这几点画出来的竹子才生动鲜活。

在我画竹子的过程中，出现最大的问题就是竹叶画得太过对称，一点都不像是竹叶。理工科的训练让我长期以来形成了规范死板的思想，每片竹叶都是规规矩矩的"个"字形，每当我画的时候，因为怕画得不好看，都会下意识地去画得规整。老师告诉我，写意就是要随意、敢下笔，自然界中不可能所有竹叶都长得非常对称，人的视角可能是它的侧面，因此要画得有变化。在老师的示范下，我画的竹子终于显得真实了。

这让我体会到了艺术的魅力。严谨是科学的魅力，灵活开放是艺术的魅力，艺术的美就在于它对于美没有明确的定义。不对称就是一种美，因为世间万物的美就在于它们都是不一样的。这颠覆了我的理工科思维，而作为北航的学生，我觉得我们所缺乏的也就是这种思维，在艺术鉴赏力方面，我们的确需要加强。

在创作过程中，我也锻炼了自己的耐心，陶冶了自己的情操。以前认为，画画很有意思就像娱乐一样，然而真的握起画笔，感觉其实画画也是一种责任——对你所画的画要负责。

老师强调大家要站着画画，站的时间久了自然累，并且有的地方画不好的时候常常会产生放弃的念头。一开始我会纠结于为什么这点总是画不好，后来我发现，先在草纸上练一练，一直画那个部分，画得多了，正式画的时候自然下笔如有神。这也启示我，做任何事，其实都不像自己想的那么简单，可能艺术看似休闲，但是好的作品背后也是汗水堆积的，我对每一幅画都充满了敬重。

在上课过程中，老师们耐心教学，将我们一个个几乎零基础的学员一步步培养到能作画的水平，他们的敬业与奉献让我很感动。最后真的想说，与花鸟画结缘，是我的幸运！国画充满了魅力！

学习花鸟画课程小记

田鹏 / 北航航空科学与工程学院 2014 级本科生

本学期中段，我有幸参加了李汉平老师讲授的"中国花鸟画赏析与创作"研修班，对中国传统写意花鸟画这一神秘而又亲切的艺术形式进行了一些学习，有感而发，记下这篇文章。

写意花鸟画是在中国传统文化发展过程中产生的一种符合中国人审美观念的艺术创作方式，它不同于西方油画的追求与实物完美契合，也不同于中国古代工笔画的细致描绘，主要通过大面积的笔墨渲染与各色颜料互相搭配，展示景物从而表达创作者的内心情感。它没有死板的套路与固定的程式，画家可以根据自身的情况有感而发。写意花鸟画的立意往往关乎人事，它不是为了描花绘鸟而描花绘鸟，不是照抄自然，而是紧紧抓住动植物与人们生活遭际、思想情感的某种联系而给以强化的表现。在具体内容上，它追求"形似"但绝不以形似作为目标，那种处在"形似"与"不似"之间的朦胧的形象，则是上佳的作品。

花鸟画的构图是一幅画成败的关键。画家在创作之前就要在心中模拟好怎么安排画面布局，何处画花、何处画鸟、何处落款、何处留白。中国画讲究诗、书、画、印的结合。诗、书、画、印都是独立的艺术品种，把它们综合起来，发挥着各自的艺术品能，又互相配合，相得益彰，这是中国民族绘画形式上的传统特色。写意花鸟画注重纸面的布局，既不能太满也不能太空，要在适当的位置留白、落款题词等，并辅以印章，在画与字的变换之间突出国画的精妙。整个画面要注意景物远近、大小、主次的区分，通过不同墨色、不同笔法的组合，结合"透视""穿插""虚实""聚散""布白"的构图原理，描绘出一幅错落有致而不呆板的画面。

  花鸟画非常讲究用笔和用墨，不同大小的画笔，不同风格的运笔方式，不同浓淡的墨才能创造出一幅佳作。对于大面积的物体，例如荷叶等，要用大笔勾勒，不必在意景物的具体形状，只要画出它的韵味就好，给人一种看起来像而又不像的感觉。中国画之所以注重笔墨，跟书法有很大关系。以书法笔意为画，使中国画的线条既能造型，又可表意，还具有独立的审美价值。至于墨色，要依据主题的需要配置色彩，才能收到良好的效果，充分发挥色彩的美感作用：色彩的浓淡、深浅关系，配色的主次关系、统调关系、对比关系、比例关系等等，都会对画面产生重要影响。

  学习花鸟画，不仅增强了我对祖国传统文化瑰宝的了解，提升了我的文化素养，而且在北航这样一所工科氛围浓厚的大学，在繁重的学习中为我开辟了一方可自由畅想、舒适放松的小天地，这是参加研修班、学习传统文化带给我的收获。

对笔墨的一点认识

王虎／北航文化与艺术传播研究院 2014 级硕士生

有幸参加学校组织的花鸟画课程，对中国的传统水墨花鸟画多了一些了解。尤其李汉平教授把自身的一些方法和感受，慷慨无私地介绍给同学们，更是让我受益匪浅。李教授的花鸟画极尽自然之所能，将花鸟的生动鲜活描绘得淋漓尽致。李教授笔下的荷花、残荷，以及小鸟、小鸡等物象，更有无穷的情趣、意趣，让观者沉浸。针对上课所学，浅谈一下自己对中国传统水墨画中笔墨的认识和理解。

世上任何一种艺术形式都有其独特的表现语言，就好像中国画的水墨语言一样。中国画表现语言的特殊性之一在于工具材料上。毛笔、水墨、宣纸等独特的材料造就了中国画独特的艺术魅力。中国画表现语言的特殊性之二在于"笔墨"。中国画以线为骨，以墨为肉，以抑扬顿挫的线条和浓淡的水墨色彩成就了一幅中国画的精髓。中国画离不开笔墨，舍弃了笔墨的中国画是不存在的。

笔墨自身存在极多的审美，一方面它是形体的骨架与支撑，另一方面它又表情达意，更重要的是它还具有审美的特殊韵味。笔墨自身在宣纸上留下的浓淡笔迹，以及呈现出的各种肌理变化，造就了每一幅画面的独特视觉效果，并承载着独一无二的心情。

对于笔墨与造型的理解，齐白石先生曾说："太似为媚俗，不似为欺世，妙在似与不似之间。"画得太像则像是迎合世俗，画得不像则是自欺。有句话说是"政治、艺术、形而上学是三门既能哄人而自哄的玩意",所以艺术的尺度需要更好的把握。那么艺术的尺度在哪里呢？

每逢艺术有大变革之时，追随者都如雨后春笋络绎不绝。但是对于艺术形式的真身，真正想表达的东西避而不见。当前，多数人往往着意于市场，着意于新鲜，着意于追名逐利的竞赛当中。真正将形式的真谛发挥到极致，却将内容抛之九万里。其实画不只有画相，更有画品。画相可以通过熟能生巧、勤加锻炼而得成，但是画品却不能。画品即人品，画品不能锻炼，无法学习，唯有修炼自身，从自身出发而得成。

说了那么多，但是不好意思的是并没有学到笔墨的万分之一。水墨在纸上片刻产生的氤氲美感让我流连忘返，但是在练习水墨创作时，我却又无从下手。每当这时候，我不得不感慨水墨这门艺术在中国源远流长、传承至今，是因其有着独特而奇幻的奥秘。水墨之所是，我望尘莫及。

对花鸟画创作的感悟

王志超 / 北航数学与系统科学学院 2013 级本科生

我很欣喜能参加"中国花鸟画赏析与创作"研修班，研修班帮助我重拾对中国水墨画的学习和体悟，进一步增进了我对中国传统艺术的理解，较好地提升了我的审美水平。应该说，在一所理工科特色鲜明的大学，在驻校艺术家的指导下，学习和创作花鸟画，对于我来说，是一件很幸运的事情。

我的国画启蒙老师是一位极有创造力的艺术实践者，从小学到初中我一直跟随他学习美术，他在我的童年、少年时代留下了不可磨灭的影响，我的艺术、创新乃至人生无不受到他的启发和引导。虽然我的启蒙老师已去世很久，但每当我画国画时，总能想起他的教导，想起许多美好的回忆。受启蒙老师的影响，我一直认为艺术的珍贵之处在于它的活力和创造力。艺术是创作者展现内心世界的途径，同样的情感有千种万种表达方式，同样的手法在细微的差别之下也会流露不同的生命体验。一个高水平的艺术家就在于技法的变化、灵活的创作和深邃情感的表达。而写意花鸟尤为重视这些，在看似不经意的几笔之间，活灵活现地展现自然世界的丰富绚烂，同时又可以在其中淡淡地描摹艺术家的感情和雅趣。中国花鸟画不注重局部细微的精雕细琢，而侧重整体布局的气韵，在轻描淡写中彰显自然景物的生命力。我想，这也是花鸟画至今仍受大众喜爱的一个原因吧。

中国传统艺术与西方艺术有很大的差异，传统艺术的各个门类都强调"意"的概念，或者说是神韵、气韵，写意画也是同样的。如何恰当地表达画面背后的意蕴，这就需要依循古人总结的一些技法和规律，包括用笔、用墨、用色、线条处理、章法结构等等。以往我一直在质疑为什么学画总要从临摹前人经典开始，现在想来借鉴他人经验是必要的简捷途径。比如，我们在布局时总是避免那种规规整整的犹如工件图的布局，总是避免充塞特别多的物象，这并非是刻板的规则，而是为了让所刻画的景象更具有生机的必然选择。但是只注重模仿也会失掉艺术的本质，正如著名画家董其昌所提倡的，既要勤勤恳恳地临习，也要如痴如醉地观察和创作。写意花鸟画一般是小品画，总是取一小景，延伸出画外的意境，这种小雅之作更需要画家在细致观察之中抽离出景物最主要的特征，忽略次要的细节，晕染出笔意未到之处的旁枝末节，这也就是写意画的特质。我总觉得创作写意画比那些具象的西洋画更加困难，虽然可能具象的画作更符合世俗审美标准，但是美的历程却不应该是直白的袒露或是重述，欣赏艺术、感受美应该是细腻而婉转深幽的。画家构思创作与欣赏者观赏都不应该是一蹴而就的，这样的美才能永恒。

　　我很喜爱中国传统艺术，它总是给我一种厚重感，一种无法言语的启迪。我记得以前画国画的时候，总会刻意地追求画得是否像，但是后来才发现画作与生活的相似度并没有那么的高。画作不是生活的复制，许多所画之景根本不存在于世，它只存在于艺术家的内心。作品是人内心世界与外在自然景观不断交融混杂的结果，情感线索却总是不可缺少的。从客观来说，国画的发展深受禅宗、儒家和道家的影响，我们学习或者欣赏古人的水墨画必然也在潜移默化中接受了儒释道的种种审美标准，这也许是我们学习国画的一个重要的收获。

在生活中，我曾不止一次有艺术创作的冲动，看到优雅别致的景色总会下意识地拿起笔来画一画，甚至附上一首小诗。这种毫不刻意地艺术表达，也许并不能创作出多么精美的作品，但它却是情感的艺术表现，是最为真挚的。在此次课程中，老师一再鼓励我们大胆地去用笔，肆意地挥毫泼墨，这样作品才能不显得矫揉造作，才能更加自然得体。艺术源于生活，是为了情感的表达和对美的追求而存在。因此，我们的艺术需要丰富的生活体验，我们当代的花鸟画更要求对自然世界的细心观察和琢磨。

我很感谢学校开设学习花鸟画艺术的课程，也非常感谢李老师热情地讲授和指导。我希望我可以把国画当成我一生的业余爱好，多去临摹、多去参加画展、多去观察大自然、多去尝试创作。我相信追寻艺术的历程总是快乐而幸福的，充满艺术的生活一定不会单调乏味。

花鸟画课程心得感悟

吴文征 / 北航文化与艺术传播研究院 2014 级硕士生

国画给人带来无尽的乐趣，欣赏国画可以提高个人的修养，书画家有发现美和创造美的技能，欣赏者要有领悟创作者心思的本领。艺术来源于生活，艺术家将我们司空见惯的事物，变作美妙的艺术，这中间付出了多少不为人知的心血和努力，真正懂得欣赏艺术的人，不会只看它的价值有多少，而最在乎它能否引起我们内心的共鸣。

在读高中时，抱着对艺术的一种懵懂的喜爱开始接触国画，当时仅仅是模仿名家名人的画作，追求的就和小时候拿铅笔在书本上涂鸦一样，只是希望画的外形能够更像一点。到了大学，国画的练习就中断了。时隔 4 年后，又有机会拿起毛笔，有一种如在昨日的感觉，而且这次有专业老师的指导，更加觉得机会难得。通过对李汉平老师画作的课上临摹以及李老师的现场指导，加上曾经接触过国画，有一定的基础，感觉自己有了很大的提高。

在绘制作品的时候，一开始由于紧张我一直出错。的确，国画的创作和临摹都需要止水一般的心境，尤其是写意花鸟画作品的创作，需要的是平静心境下用墨在宣纸上的恣意渲染，我想这是写意画与工笔画的一大区别，工笔画更注重用笔精准到位，写意画则是在似准非准之间保有创作者独有的创作规范。

参加这次培训班使我对于花鸟画创作技法有了更清晰的了解。李老师的讲解让我对与中国花鸟画的创作有了系统的认知，但是，我最大的收获不是在绘画技巧上有多大的提升,而是对于写意花鸟画所传达出的意境有了更深刻的理解和体会。写意花鸟画除了要在造形和用笔上下功夫,更重要的是要培养自己通过造形表达自我的能力。写意画的最大魅力对我而言就在于其将画作的重点放在意的传达上,落在纸上的墨是外在的形,通过外在的形所传达的意所引起的感受和互动交流,对于创作者和观者无疑都是一种极大的乐趣和享受。

总之,这次"中国花鸟画赏析与创作"研修班让我收获很多,除了绘画技巧上的提高,更多的是对自我艺术素养的熏陶和培养。

艺术，永远是心中的明灯

杨依桐 / 北航交通科学与工程学院 2014 级本科生

这次花鸟画的课程让我对中国花鸟画有了一个较为清晰的了解，同时增进了自己的绘画能力，也让我对艺术有了更多的感悟。

花鸟画是以花卉、花鸟、鱼虫等为描绘对象的画，所以在绘画的过程中，将这些有形的物处理好是绘画的关键，同时作为写意花鸟画，整幅画面的构图和意境也同样重要。在绘画初期，构图是非常重要的。在这次学习中，我已逐渐体会到了这一点。

我小时候学过一段时间的国画，那时的自己似乎还握不稳毛笔，只能在宣纸上画出一些简单的花、草、鸟、兽，体会手握一支笔画出心中所想的快乐，后来似乎一直与绘画无缘。这次花鸟画课程让我重新拾起属于童年的记忆，同时在繁忙的课业中寻找一些绘画的乐趣，点缀我的生活。

最开始的课程上，老师为我们讲解了中国花鸟画的历史，在那些名人名家的作品中我看到了中国画中所蕴含的无穷魅力和文化的沉淀。虽然没有拿起面前的那只毛笔，但是我好像已经和它相处已久，属于童年的点滴回忆慢慢浮现。

开始绘画，才发觉自己的不足。寒假的时候学习过一些素描，对于构图和透视的处理略有一些自己的感觉。但中国画和西方绘画是不同的，中国画的局部透视让它的一切变得更加有魅力。对于一幅画的构图，我还能够驾驭，但对于墨色的浓淡却不能准确地把握，一幅图的层次感也不是很分明。在后面的课程上又添加了颜色的处理，我对于童年学国画的唯一记忆便是花青和藤黄可以调出绿色，这次绘画搭配颜色时，我一方面不断调试努力让颜色显得更加逼真，另一方面也求助于老师和同学，从他们那里吸取经验和教训，让自己的画变得更加真实。

在学习绘画的过程中，练习很重要，赏析和观摩也是同样重要的。老师多次在宣纸上画画，边画边为我们讲解，让我们更加直观地了解绘画过程中的技巧和注意事项。在这些学习中，我不仅对理论知识有了进一步了解，同时也对绘画有了更多的感悟。

学了多年二胡，在观看绘画视频的过程中，发现背景配乐便是我熟悉的二胡曲，在悠扬的二胡声中绘画，心中觉得亲切，更加认识到绘画与音乐，是永不会分家的。曾经在二胡中享受到的安宁和心静，在中国画中也一样能体会到。平心静气，追寻属于自己的艺术，这是我们在这个社会中所需要的。觅得一处自己的精神领地，描绘出自己心中的那片蔚蓝天空，演奏出属于自己内心的乐章，在艺术中生活，陶冶自己的情操，我想，这也是这门课的初衷，让我们更多地亲近艺术，提高自己的艺术鉴赏力，在这飞速发展的社会中不至于迷失了自己。

中国花鸟画艺术，永远是心中的明灯。

学习花鸟画艺术的几点思考

张策 / 北航物理科学与核能工程学院 2013 级本科生

这个学期很荣幸选到了由北航文化与艺术传播研究院组织，李汉平教授开设的"中国花鸟画赏析与创作"课程，进行为期一个多月的中国花鸟画学习。

通过对本课程的学习，我对中国花鸟画有了基本的了解，也掌握了基本的绘画技巧，在老师指导下画出了自己人生中的第一幅花鸟画作品，非常开心。

李汉平老师从八个方面来进行中国写意花鸟画的教学，对花鸟画的构图、笔法、墨法、用色等以理论和绘画结合的方式进行详细讲解。我本身的艺术修养并不高，之前也没有学习过绘画，尤其是中国古典艺术、笔墨纸砚均很少接触。但是通过学习，我对中国传统文化充满了敬意与兴趣。

中国画就好像古诗一样，充满灵气和意境，一笔一画，墨色的明暗深浅都包含意味甚至情感。

然而，绘画艺术却并不是所有人都能无障碍地接触的，与之类似的还有音乐艺术、表演艺术、体育艺术和科学艺术。这些艺术门类，一定程度都会受到硬件设施、时间投入、资金投入以及空间条件等的限制。

我们的教学地点在沙河的实验 7 号楼，旁边是正在建设的航空航天国家实验室。每当我下午课程结束返回宿舍时，太阳早已渐进西山，然而在建筑工地上工作的工人却仍在挥洒汗水。他们大多数人文化水平不高，只能靠体力劳动获得收入。

我忍不住想，他们会接触到中国花鸟画的艺术吗？可能他们中有不少和我年龄相仿的孩子，在我读书的时候便开始了工作。可能他们也会认为这幅画很美，然而自己亲手去画的梦想却很可能无法实现。

这让我想起我暑期在甘肃支教的经历。一些山区孩童仅仅因为地域的原因而无法学习中国古典文化。他们可能有民族服饰，可能有独特的含有地方特色足以令游客赞叹的文化，他们可能通过互联网知道摇滚乐，知道流行歌曲，却不大可能学习中国绘画、中国书法，因为没有老师，因为中国古典艺术遭受冲击。

艺术的回报可见性似乎很低，中国的家长大概更关心孩子的文化成绩，认为能否考一个好大学更关键。而大部分大学生（也包括我）似乎更关心本专业的内容，不太乐意花费课余时间来学习这种纯爱好的艺术，因此国人的艺术普及率很低。

但这并不代表艺术不重要，就像我学习的基础学科物理学，由于科研周期长、科研待遇低，很多人不愿意学习这个专业，他们不得不放弃小时候当科学家的梦想，去学习金融、计算机等热门专业。太过浮躁的社会怎么能促使人们去了解绘画艺术、科学艺术呢？

现在，能深入学习中国传统经典绘画艺术真是一种幸运。有机会、有时间接触其他艺术也是如此。当然，我们不应该忘记自己的初心，要坚持对艺术本身的兴趣，否则便有附庸风雅之嫌。

事实上，中国传统绘画和歌唱等其他艺术一样，需要不断训练，不断练习技艺才能日臻完善。记得有人说过，"我们大部分人的努力程度,根本到不了拼天赋的地步。"对于中国画的学习和创作,要想达到较高的艺术水平,需要的是大量的绘画练习。如果始终对艺术保持浓厚的兴趣,则不会让你厌倦这看似枯燥的训练过程,进而可以把艺术当做一种生活体验和有益的生活方式。

花鸟画,带我进入精彩世界

张典钧 / 北航宇航学院 2013 级本科生

为期近一个月的"中国花鸟画赏析与创作"课程很快就结束了,这段日子里每周两次的国画体验将会成为我在北航的一段非凡的经历。李汉平老师用他超群的花鸟画经验和技法为我们打开了花鸟画甚至是国画的大门。进入了这扇门,我们看到的是不一样的世界。

我觉得艺术的魅力之一就在这里。就拿花鸟画来说,在学习这门课程之前,我们对花鸟画的艺术认识是一种感性的认识,就好像是看到一幅精美的画,你只能说出它好,但你不知道它到底好在哪儿;而学习过这门课程并且亲自实践过之后,我们对它的认识就上升到了理性的层次,对同一幅画,你知道它好在哪儿,无论是技法还是意境,你都能对这幅画有所感悟,最重要的是,你懂得了应该从什么角度去欣赏它。而且经过了这样的过程,你可以从欣赏中获得更多的喜悦。

欣赏是一方面,而实践又是另一方面的魅力。

作为学徒,应该感谢李老师的指教。他让我对花鸟画的认识不再仅仅是对梅、兰、竹、菊的向往,让我终于可以把我自己所想要表达的跃然纸上。在我看来,书法也好,国画也好,所谓的艺术其实都是人的内心情感的流露与体现。我们作为个体,要去表达对世界的情感,那么艺术就是很好的载体。这是艺术另外一个更加重要的魅力。

虽然说无规矩无以成方圆，我们要注重掌握在课上学会的章法，但是我又不得不说，李汉平老师让我们学习的是他的风格，也就相当于李老师借给了我们一双用来观察世界的眼睛，而我们迟早要用自己的眼睛去观察这个世界，我们迟早要用自己的风格去表达自己对世界的情感。齐白石曾经说过："像我者生，似我者死。"老师能为我们做的，也仅仅是用他的风格来指导我们国画的章法，走到这一步，花鸟画只能算得上是一门学问；只有超越了这一步，并能够树立自己的风格、自己的意境，把自己的情感寓于其中，对我而言才能算得上是艺术。

正所谓师父领进门修行在个人，老师带领我们跨过了国画这个门槛，而我们如果想要获得更高的成就，接下来就完全看我们自己了。花鸟画的课程结束了，但我们的国画修行之路才刚刚开始。

一次与艺术的邂逅

张新博 / 北航航空科学与工程学院 2013 级本科生

在一个月之前，我绝对没有想过在结课的时候能够自己亲手画一幅国画出来，然而现在我确确实实在老师的指导下画出了一幅画，这是一种很有成就感的感觉。艺术是一个需要长期积累的过程，也许在以后可能没有机会再去做这样艺术感的修炼，所以在这样短短的一个月的时间有机会受到国画的熏陶，让我倍感荣幸和珍惜。

这不是我第一次拿着毛笔，也不是我第一次画画，但却是我第一次拿着毛笔来画画，这让我回忆起当时第一次拿着毛笔写字的感觉。用毛笔在宣纸上下笔有一种很奇妙的感觉——感觉突然离开了现实的生活，离古时候的人们很近。

相信每个人内心里都有一份对于自由的向往，而在拿着毛笔的时候我找到了那份诗词中写到的潇洒和豪迈。挥洒笔中之墨，将胸中之意用手中之笔表达出来，这是怎样一种豁达之情啊！而今天我也能够拿着手中之毛笔挥洒心中之情感。就像老师说过的，写意画最重要的是先成竹在胸，然后下笔挥洒，一笔下去，流畅自如，不要再回去描描抹抹，这跟之前接触到的书法下笔方式不谋而合。

同样的一支笔，由于笔法和墨与水比例的不同能够创作完全不同风格的画作；同样的素材，由于构图方式和胸中之意的不同，能够达到不同的效果。这应该就是中国画独特魅力之一吧！

不同于西方画作的写实，写意中国画给人的感觉就是很大气、很飘逸，不求形似，不完全按着逻辑创作，直抒胸臆！近一个月的时间绝对不会让我成为这方面的行家，但是足够让我感受到这样一种艺术的魅力。

回忆学习过程，从学习技巧到亲自下笔去感受，从感受墨色的深浅到学习用哪些颜色调出自己想要的颜色，跟着老师的步伐，一直到最后来画一幅自己的作品，感觉这时间怎么一晃就过去了呢，还没有享受够这种书画大气的感觉，还没有看够老师那随手而出的写意花草，还没有听够老师对我们的谆谆教导。

美好的时光总是容易一闪而过，跟着老师入了点门之后突然发现时间已经到了。这次学习过程，时间很短，但我学习到了很多东西。有时候我很纠结，经过老师的指点就能够豁然开朗，在最后作品提交时，经过老师的指点，整个画面的风格一下子就更加好看了。

中国的古典文化有很多令人着迷的地方，但是由于我们平时专业课的学习很忙，因此对中国古典文化接触得非常少，这无疑是非常遗憾的事情。能够有这样一个机会来接近自己心中的那一点点艺术梦想是非常幸福的事情，我觉得在专业学习过程中用这种接触文化艺术的方式来调节自己是非常必要的，这应该就是所谓的人文修养吧！

对中国书画艺术的思考

张振齐 / 北航化学与环境学院 2014 级本科生

我出生在河南，自小在河南长大，中原文化博大精深，源远流长，尤其是书画艺术，已经深深植入到每一个中原人的心里。我从小酷爱书画，我初学小篆和篆刻，后临学《曹全碑》《九成宫醴泉铭》《妙严寺记》《兰亭序》等。由于我刚开始急于求成，导致我无一体擅长。于是，我明白了，学习书法要专一，要踏实，要循序渐进，不可三天打鱼，两天晒网。后来，我开始主攻启功体，现阶段仍在主攻启功体。我在一步步对书法深入学习的同时，也在学习书画鉴定，现在能做一些简单的书画鉴定，尤其擅长鉴定启功和欧阳中石的书法作品。

因为我主要学习书法，对绘画并不擅长，于是，我就报名参加了这次由李汉平老师主讲的"中国花鸟画赏析与创作"研修班，希望能通过这次课程，掌握一定的花鸟画创作技巧，将来与书法结合起来，创作出令人赏心悦目的作品。

我以前就知道徐悲鸿、齐白石、李可染、李苦禅、黄胄等众多近现代的花鸟画大家，悲鸿画马、白石画虾，可染画牛，苦禅画鹰，黄胄画驴，都成为时代的印迹，深深镌刻在 20 世纪中国美术史上。齐白石花鸟画源于寻常生活，源于普通百姓，其画作的生活情趣的表现力很强；李苦禅花鸟画用笔简约、老辣，用墨精到……而西方画和中国画是有区别的，西方画大多注重写实，利用科学的光学原理，将实物十分逼真地描绘出来。中国画注重营造意境，寥寥几笔就能用线条勾勒出事物的大致轮廓，达到意境凸显的效果。这两者各有特点，各自产生独特的美感。所以在近现代，徐悲鸿、吴冠中等老一辈的留洋画家开始探索中西画结合的道路，于是，他们在深入吸收中国画营养的基础上，借鉴西画原理，创作出了很多优质作品，为后人所敬仰。

我一直在思考，什么才是优秀的中国书画艺术？什么样的书画家才能流芳千古，为后人钦佩？为什么王羲之、怀素、颜真卿、欧阳询等众多书法家名垂千古，后人竞相临摹他们的作品？为什么唐伯虎、郑板桥、徐渭，甚至于连穷困潦倒、邋遢不堪的蒲华的画作都能流芳百世，在国际拍卖市场上屡次刷新拍卖纪录？我想，是真正优秀的书画艺术使他们成为流芳千古的书画大家，在中国书画史上占有一席之地。他们的书画艺术是正统派书画艺术，符合大众的审美观，贴近百姓，而不是矫揉造作，胡乱涂鸦，自我标榜，远离传统。在当今书画界，有很多人自称为书画大师，他们写书法几乎从来不临帖，拿起毛笔涂鸦一番，自诩为书法创新，导致"丑书"横行，这种情况现在很普遍。他们的这种行为是对中国书画艺术的亵渎，严格来说，这不能称为书画艺术，顶多算是涂鸦作品。

中国书画作为中国的代表符号，应该好好发展，以便在以后的历史长河中，不断彰显中国魅力。如何发展？我个人以为，最根本的办法就是要继承传统，走正统派路线，在深刻继承传统的基础上再有所创新，同时，书画作品要符合大众的审美观，贴近百姓。

总之，符合大众审美观，源于百姓，服务百姓，并为大众所乐于接受的书画艺术才是优秀的中国书画艺术。

"无用而奢侈"的艺术

朱屹洁 / 北航航空科学与工程学院 2013 级本科生

在北航,谈论艺术是一件很奢侈的事情,但并不是说北航同学们的艺术细胞都被泯灭了。

当清华大学校友会来沙河校区演出话剧《雷雨》时,可谓座无虚席,入场都要排很长的队;当学校开设花鸟画选修班时,因时间冲突而不能报名而表示遗憾的同学比比皆是,课堂上的绘画大神也不胜枚举。可见,北航同学心中的艺术,如星星之火,吹不尽,烧又生。

结课的那天,同学们一个个恋恋不舍地离开画室,有些人是在这里第一次拿起笔墨,有些人可能是在这里最后一次用毛笔画国画,有些人还未来得及精通笔墨的浓淡变化,有些人笑着给作品拍照留念。

这会不会是这群人离绘画这个艺术圣殿最近的一刻?

想到这个问题,我每每惆怅。

艺术于我是情怀,是生活中的必备品,像五谷杂粮一般,像日作夜息一般。偶遇天公作美,吟诗一首;夜学回来,哼歌一曲;心有不快,赋文一篇;闲暇之余,弹琴绘画,感受虚度光阴之美。

我们往往问"学习有什么用?""考大学是为了什么?",在这样的设问下,艺术便渐渐成了和面包没有关系的奢侈品,它对人生毫无增益,它没有用处。

急功近利的社会可不只体现在这一处:读书,要读有用的书;

交友,要交有用的朋友;做事,要做有用的事……

中国社会呈现的"有用哲学"早已被诟病不止,白岩松就说过:"现在中国人太专注于做有用的事,只要做的事跟升官、发财、成名没有关系就便没用了,便慢慢被荒废了……人只有经常做无用的事,才可以诞生离人心更近的艺术,留不留给后世不重要,起码是告慰自己的生命。"

太多人看到了这样的病态,却还在这条道路上奔跑着。北航的同学呢,被绩点、保研、交流机会所牵绊,做尽了有用的事,有时也未能得偿所愿,哪里愿意领略"曲径通幽"之美。

人生的感受是属于自己的,功利的感受让人夜夜恼,潇洒惬意最终也免不了贫困潦倒,平衡好有用和无用的关系,追求自己心灵的感受,以一种随性的方式记录生活、表达生活,大概是我于学习重压之下的一点奢求。

在北航听驻校艺术家授课有感

范国康 / 社区书画爱好者

我小的时候,就特别喜欢学绘画,但由于生长在偏远的农村山区,教育落后,师资缺乏,连上美术课的老师都没有。读初中时虽然有了几节图画课,但都被所谓的语文、数学类"正科"挤占,后来,也就一直没有太多的机会和条件去接触了。

终于,一个偶然的机会,听说北航举办的"驻校艺术家计划"特聘教授要在沙河讲课,我万分有幸地聆听了北京林业大学艺术设计学院著名画家李汉平教授关于中国写意花鸟画的授课。时间虽短,但对于我来说收益颇丰,也终算实现了多年的一个梦想!

我能有此机会听到名师的讲课,实在难能可贵,这得益于策划和组织实施在北航开展人文艺术教育的领导和老师。"驻校艺术家计划"这一创举与探索,非常有意义。大学除了提供给学生立足于社会所必备的专业知识外,这种超越功利之外的精神培育,这种潜移默化的文化熏陶,既提高了学生的艺术气质、综合能力和人生境界,同时也丰富了学生的人生修养的精神内涵,滋养了每个学生的心灵,同时也逐步改变和营造了良好的校园文化生态、大学艺境,提升了校园艺术与人文氛围,加强了人文艺术素质教育。

艺术,带给每个人美的享受,它能陶冶情操、改变人生、创造生命价值。"驻校艺术家计划"活动彰显了创办者的良苦用心,让"大学文化的花朵"绽放,也让"艺术驻校"深化大学人文艺术教育硕果累累。

　　"中国花鸟画赏析与创作"课程结束了,虽然只有短短的一个月时间,然而这难忘的时光却在我心中留下了深刻和美好的回忆,它让我亲身体验到了中国画的博大精深,也使我对花鸟画有了初步的认识,了解了它的起源、历史和基本技法。虽然我学到的知识有限,但确实有了一定提高。李汉平老师悉心指教,对于怎样用笔、怎样调色、怎样构图……都身体力行亲自示范,我耳闻目睹,收获颇丰,的确是"听君一席话,胜读十年书"。老师的精辟讲授,深入浅出、生动活泼,真正达到了研修课画龙点睛、事半功倍的效果。特别是与李汉平老师相处的时间里,更让我体会到了他作为一名艺术家的情怀与德行:他言语诙谐幽默,工作执着认真,教授学生一丝不苟……

　　这是我第一次有机会和大学的学生们一起学习中国绘画,继承我们中华民族优秀的文化。今后我还要不断地努力坚持学习,"外师造化,中得心源",活到老学到老,在绘画中享受美,让美的情怀永远在我心中流淌,伴我一生。

笔记

BIJI

我心中的艺术 / 学生同题随笔 27 篇

我心中的艺术

阿生泉 / 北航材料科学与工程学院 2014 级本科生

对于我来说艺术是一种感觉，一种毫无违和感的感觉，一种让人舒服的承载体。

我从小生活的环境没有太多的艺术气息——难道你还指望一个早出晚归的农民家庭有着多大的艺术气息么？这显然不太可能。对我来说，接触最繁多的就是老爹闲来无事时唱两句青海花儿，如果这算艺术的话，那我也可以说勉强有着艺术的熏陶吧！说来也可笑，我最不爱听的便是老爹哼的花儿，我的耳朵早就被那些流行歌曲充满了。

我总是喜欢凭着感觉来做事。我第一次感觉到艺术的气息是在看到一幅山水画的时候，我已经忘了画的名字，记得的只有那幅画给我的感觉——很舒服、很和谐，那种只有墨的山水画一瞬间就征服了我。闻着浓浓的墨香，看着那怪异嶙峋的山峰，我仿佛进入了另一个世界。独自一人置身在画中的世界，感觉每一口呼吸都有着大自然的空灵、清新，不沾染一丝一毫的污垢。我觉得艺术就藏在那高耸的山峰中，它就在飘渺的云雾中等着被你发现。

我记得有一幅画描绘了迎客松，我是在一位亲戚的家中看到的，第一眼就被那生长在山壁上的松树吸引了：

奇松矗立玉屏边，四季伴生云雾间。

根下从无一撮土，青狮石上寿千年。

沧桑阅尽国之宝,岁月轮回对御筵。

举臂广迎四海客,和谐包纳五洲贤。

这便是描写迎客松的诗句,吸引我的不只是那浓浓墨香,更是那种坚韧不拔的顽强精神。

我心中的艺术

蔡鹏虎 / 北航能源与动力工程学院 2012 级本科生

都说人的脚步和心灵必须要有一个在路上，如此才能超越生命的限度。无论生老病死或者苦痛快乐，终究要有一个寄托，只有这种寄托和限度被无限地放大，我们生的意义才能够被无限地发挥出来。否则，从出生到终老，岂不只是单纯意义的为了生活而生活了么？

为了工作好、吃好、穿好而上学，努力工作直到羸弱的身躯无法移动甚至死亡，并不是我们仅有的追求，或者说不应该成为我们仅有的追求。悠悠五千年华夏文明，茫茫数万载历史长河，里面曾产生过多少对于精神与物质生活进行尝试和探索的故事，就产生了多么灿烂的文化。也就是说精神世界应该与物质生活并存，科学知识应该与文化道德观念并存，只有这样才能算一个完整的人生。没有科学技术支撑的文化道德观念使人性过于感伤和懦弱，也不会有太大的发展，而没有文化道德包容的科学技术则让人变得死板和机械化，或者说是情绪匮乏和茫然慌乱的综合体。

现在网络上有一个流行词叫做"情商"，用来形容一个人关于文化道德和为人处世的能力，但是我更愿意将其称为"精神修养"。对音乐、绘画、文学的痴迷是精神修养，对哲学、历史、人文的探究也属于精神修养，但是归根结底，这些修养最后都表现为一个人在精神道德层面和为人处世以及看待事情方向上的伟大进阶。这种进阶并不是单纯的对各方面知识的掌握，更加强调的是一种"悟"的精神，从而达到融会和升华的目的。

古代的先贤们穷其一生都在领悟文学、艺术和哲学以及处世的内涵，又将领悟到的东西反馈回去，从而推动了历史的巨轮向前行走，他们是真正的大师。精神修养并不能速成，也不是单纯用逻辑能够推理和解释的东西。当然，我个人觉得精神修养需要痛苦的磨练和时间的积累。这一切的一切再加上用心的感悟，你会发现，突然有一天自己就顿悟了，豁然了，这时候便形成了精神修养上的伟大进阶，形成了独特的价值观和人生观。

至于具体实现精神修养的方式则不尽相同——艺术可以，文学和哲学也可以。但最重要的是不能完全用逻辑的思维去理解，而应该用一种感悟的思维去感受。比如看一幅画的时候应该试图去理解绘画者的本意和心境，而画一幅画的时候就应该尽可能地用心去理解自己的情绪，尽可能将其表现出来，这就是所谓的"悟"。当然，无论在什么时候，这种感悟都应该加上生活的成分在里面。正如前面讲的：一切艺术和精神修养都来自对生活的感悟，而一切感悟最终都要通过生活才可以体现出来。由此来说，我们是不是应该拥抱生活呢？拥抱生活，也就是拥抱自己，从而拥有进阶的生命和修养。

当然，不同的人会有不同的路要走，自然也就会有不同的遭遇和境界。其实这种遭遇或者境界并没有高低之分，只是我们在漫漫人生长河中的写证而已。只要无愧于心就好了。就像我一样，我选择通过思考、文学和绘画去感悟并且完成我的精神进阶。你呢？记得有一位老师说过：文科生和理科生的思维是完全不同的。我想这就是纯逻辑和精神修养的两个极端吧。而我所要做到的，就是将这两种极端融合起来，完成人生的进阶。

其实感悟离我们并不遥远。擦亮眼睛，用心去聆听，你会发现——世界因你而精彩。

我心中的艺术

蔡文渊 / 北航交通科学与工程学院 2014 级本科生

最初接触艺术，是小时候被父母送去学习书法，当时年幼没有耐心，学得也慢，要不是爸妈逼着，大概早早就放弃了。到我三年级的时候，我偶然间看到一位老师在教授国画，同是毛笔宣纸，国画却比书法生动得多，除了枯燥的墨色和运笔，它多了许多色彩和渲染的运用，对幼小的我来说，像是打开了通往新世界的一扇大门。于是我缠着母亲带我去学习国画，一学就是七年。直到高中住校，我才不得不放弃学画。

其实一开始的兴趣消磨得也很快，但是不知怎的，每周例行的画画似乎已经渐渐融入我的生活，成了我生活的一部分。那时也没什么学习的压力，空下来，能画几笔好像也挺有趣的。虽然天赋单薄，学艺不精，但用来怡情还勉强得够。偶尔跟着学美术的同学看看画展，也受益颇多。

我的家乡在江南，钱君陶、丰子恺一众画家都出生于此，于是我也有机会能亲身接触艺术大师的作品，或者去他们曾居住的地方感受那残留下来的艺术情怀。我的老师擅山水，尤其爱画古镇流水，乌镇水乡又正好在我家旁边，空下来他就会带我们去感受小桥流水中的书画之情，这使我对中国传统的国画更添了一份向往与推崇。

我心中的艺术应该是像中国画这样意境深远，淡却不贫，艳则不俗，写意之中寥寥几笔神韵毕现，而工笔画则又细描慢工，端庄肃穆。国画不求形似,但求每笔皆有其气,神似魂现。书法、篆刻在绘画中也必不可少,三者互补互衬,方构成一幅完整的画作。

可能是之前学画的缘故,我还是偏爱全水墨的山水花鸟,虽颜色不美,但整体来看其实更加质朴,灵气四溢,也更符合中国传统的慎独思想,与君子之风相符。但这对笔力用墨要求极高,非我力所之能及,只能遗憾自己不能完成这样的创作了。

在重新拿起画笔之前,很惭愧我已经有三年多不曾握笔了,重新提起一支毛笔的感觉是熟悉而感动的,落笔的那一瞬,笔尖柔软的触感勾起了许多昔日学画的愉悦与心酸的回忆,手却因为生疏不如从前稳了。但能重新拾起这门艺术,我很感激,因为这样的机会对于一个在远方求学但非学艺术课的我来说是很珍贵的,而且在这里又有水平高超的老师悉心指导,指出我的不足,帮我补足了很多以前匮乏的绘画理论知识,加深了我对中国画的理解。

现代生活对科学技术十分重视,艺术却往往遭遇冷落,但我认为艺术的作用在于精神的浸染与心性的修炼,改变虽缓慢但效果持久。像北航这样的工科院校,对于学科的培养必定不落人后,希望学校以后能有更多这样的机会提供给我们,让我们在理性之余,也能有感性的艺术情怀。

我心中的艺术

曹卓航 / 北航机械工程及自动化学院 2014 级本科生

要说我心中的艺术，就要说说我所理解的艺术的审美过程。

首先是理解世界的美。审美是人的本能，就像是初生的婴儿，他也会对美好的事物有着亲近的本能，他们看到漂亮的东西会眼中发光，看到丑陋的东西会发出哭声。这样的审美是本初的，是可取的，然而却并不一定深刻，也往往不是艺术审美。因为这个时候，人们眼中的美往往是具象的，而非抽象的、意境的，审美的对象也往往是自然物，而非艺术品。举个例子，小时候我曾看过画竹的名画，然而却并不以为佳，原因就是那个时候我认为竹节既然存在，就应该画出来，而那位名家却是用空白来表现竹节的。很显然，那个时候的我，对于艺术的理解是肤浅的，甚至可以说是错误的。

所以，这就是我所理解的艺术的第一个方面，或者说是创作艺术的准备阶段——通过学习，去了解什么叫做艺术，去体会艺术之中的境界，从而将公认的、外界的美，化为自己内心可以理解的美，从而丰富自己的内心。在我看来，体会艺术，其本身就是一种艺术。

而艺术的第二个方面就是把自己内心的美表达出来，即把心里的美化为外在的美。对于外界美的理解，是能够体会艺术的魅力，但是要为世界增添美感，就一定要学会如何去表达，而学习艺术和制造艺术品，不但是艺术家的工作，也是每个人的追求。

那么，什么是真正的艺术呢？在我看来，其一，对于自己所以为的美的极致追求就是艺术。其二，艺术具有相对性，对于一方算是美，对于另一方可能是丑。在大众审美给出答案之前，不能说哪一方是正，哪一方是误。举个例子，我的爷爷，将所有东西整理得近乎难以想象的整齐，在我看来，这就是艺术（当然，这种艺术是浅显的），但是在一些人眼里，这就是怪癖。

艺术是无法绝对界定的，但在我的想象之中，还是对艺术有着一定的描述和猜测。正如老师所说，艺术不是照相。我认为，较为浅显的艺术，是没有境界和灵魂的；而更加高深的艺术，有着自己的意境和灵魂。

但是，不论高低，艺术一定是和谐统一的。它不一定都能为他人所真正接受，但是它本身应该是和谐的、连贯的、有内涵的，而非拼凑的，正如文章有文气，绘画有格局，音乐有旋律，书法有笔势。

这就是我所理解的艺术，我也愿意依照我所理解的艺术去培养自己，去磨练自己，提高自己。

我心中的艺术

陈旭阳 / 北航高等工程学院 2014 级本科生

艺术，一直是一个高雅的名词。提起艺术，我们能联想到很多，书法、绘画、音乐、舞蹈、文学，仿佛一切美的东西，都可以称之为艺术。没错，艺术是高雅的，但她并不高冷得只存在于艺术家的世界，而是如同一位最温和的朋友，遍布在生活中的每一个角落。

我一向是个比较粗心的人，也不敢说自己有多少艺术细胞，更不敢说自己有什么艺术修养。但是对于艺术，对于生活中大多数美好的事物，我却总是抱着最积极的态度，不是为了把自己装点得多么华丽、多么文艺，而是这些美好的事物总是让我感到一阵阵愉快，感到由衷的幸福。当我抱着欣赏的态度看待生活中美的事物时，它们的美总是让我感动。艺术家总是说，艺术源于生活而高于生活。作为一个热爱生活的人，我对艺术有一种崇高的热爱，而对艺术的热爱又让我更加热爱生活。我也相信，只要有一双发现美的眼睛，生活中处处都有艺术的源头！

艺术源自生活。它往往是将生活中美的东西提炼、浓缩，取其精华，并用不同的方法展现生活中的美。我们生活在一个大千世界，身边美的东西有很多。从山峦波涛，到松林翠竹，从石头花草，到飞禽走兽，甚至每一种声音、每一种形状、每一种味道、每一段文字，都可以有一种别样的美。艺术家的工作就是体验生活，发现这些潜在的美，再将这些美抽象出来，用生动鲜活的方式将它们呈现为艺术作品，给人以各种感官的享受以及精神的陶醉与洗礼。绘画艺术中的意象，舞蹈艺术中的姿态，戏剧作品中的动作与情节，雕刻作品中的形象和姿势，它们无一不是来自生活，却比生活更具有一种感官的冲击，更带来精神的享受，这便是艺术的力量了。

艺术是一种创造。在每一件艺术作品中，都包含着艺术家的创意，也正是这些创意，才让美的东西呈现得别具一格，展现得淋漓尽致。艺术创造的手法多样，艺术家喜欢采用各种对比。因为巧妙地运用对比，兼有恰到好处的夸张，才能突出变化；变化多样丰富，那便是一种高明的创造。一幅国画作品中，需要有疏与密、浓与淡、远与近、高与低等的对比，各种对比可以让画面鲜活起来，富有生命力。京剧表演艺术中，每一段唱词都充满了高低错落、轻重强弱的对比，在时而穿云裂石，时而低沉浑厚的变化中，听者的听觉需求才得到满足。王羲之的《兰亭序》中，每个字的书写都刚柔并济、对比明显、富于变化，即同是一个"之"字，写法也各不相同，整篇作品在丰富的变化中展开，具有极高的艺术欣赏价值，因此才得以成为千古流传的天下第一行书。在变化中体味艺术家的情感，享受传达出的美，这是艺术本身的高妙之处。

艺术是感性与理性的结合。艺术家的思维是兼备两者并巧妙融合的。一件艺术作品的魅力不仅仅局限于作品本身，更在于艺术家透过作品传达的情感和精神。透过郑板桥的竹石图，我们可以读出画家的刚直秉性。透过画家罗中立的《父亲》，我们也能感受到画家对父亲浓浓的爱。在品味这些情感的过程中，我们才能够与艺术家达成共鸣，收获心灵的感动。这种感动能让我们难忘，让我们增强对生活的体验，萌生更浓郁的对生活的热爱。

艺术不仅仅是艺术家的事，而是每个人都必不可少的一种精神体验。我没有艺术家那样传神的艺术感觉，却追求着用艺术充实自己的每个机会。每周，我都会拿出一些时间练练书法，读几篇散文，用那些美好的东西让自己从一周的繁冗事务中静下心来。每到这些时候，心里总是十分平静，是艺术带给我一种舒畅的感觉。作为一名工科男，我不求达到极高的艺术境界，但在接触艺术、欣赏艺术的过程中，我会在无形中丰富情感，提升精神修养，获得心灵的满足。因为，品味艺术，真的是一种享受！

我心中的艺术

邓昊 / 北航物理科学与核能工程学院 2014 级本科生

在风起的绿烟里，琴声婉转，唱其清韵；在沉香的水墨间，淋漓瘦叶，舞尽风骨。艺术，于无形中抵达我们的内心，影响我们对美的欣赏、对生活的感知、对事物的态度……我们感触生活的艺术，我们享受艺术带来的欣喜。

我心中的艺术，是精神上的升华，是高尚、纯洁的。不论是文学、绘画、音乐、舞蹈、电影等，它们都以自己的形式诠释着艺术的格调。

人因为有丰富的情感世界而有了独特的价值，而艺术，是情感的产物。通过这学期对花鸟画赏析与创作的学习，我对此有了更深的领会。当我面对一件作品或自己创作的时候，我会不自觉地把自己的情感带入进去，去体悟画中的魅力或让自己的情感融入画中，这便是艺术的吸引力。

罗丹曾说过："艺术就是感情。"其实一件真正的艺术作品，无不是作者真实情感的产物。不论它给观赏者带来的感受或联想是什么，它都融入了情感的气息，这样才能使它的艺术价值永存，给人无尽的启迪。

记得曾在一间画室欣赏过一幅城市街道的摄影——黑白照片，简单朴素，没有过多的点缀，只是相同纹理的石块组成的街道，可是它却让我感受到了一份久违的平静。我想，这就是艺术的力量，让你真正从内心去感受。

其实在我们的生活当中，这样的街道、这样的景致四处可寻。几乎每一天，我们都在路过，就在最为熟悉、习惯的场景里我们忽略了许多美。或许在下一秒，我们会仔细地看一看身边的一切，会欣赏，会体悟，会发现艺术就在我们的身边。

艺术和社会息息相关，社会是艺术表现的素材。所以，只要我们有一双发现美的眼睛，我们就能很好地感受艺术。我觉得，这一点对于专门从事艺术行业的人而言，更为重要。很多人说，看一个人的艺术作品，并不是看它展示的具体事物，而是看它如何表达的，以及作品是怎样从生活因素过渡到情感因素的。这或许就是作为艺术人的灵感了。

透过艺术，我们不仅可以满足精神上的审美需要，身心得到积极的休息，而且还可以从中受到教育和启迪。好的艺术作品能引领我们走向真、善、美的境界，使我们的精神接受洗礼。

我心中的艺术

郭鹏程 / 北航交通科学与工程学院 2012 级本科生

一提起"艺术",总会让人有一种高大上的感觉,作为二十岁还没有很多人生经历的我,更是认为自己没什么资格谈"艺术",故结合从参加首届"驻校艺术家计划"开始的一些经历聊起,希望在美好的回忆中体会心中的艺术。

首届"驻校艺术家计划",我深深地被石晋老师平易近人的大师风范所感染,对艺术产生了浓厚的兴趣。石晋老师告诉我他心中的艺术是自己当下情绪的表达,又或是将对人文、自然乃至社会的赞美、期盼或忧虑等,通过自己的方式展现出来。这次课程带给我的快乐让我对传统文化有了无穷的渴望,这种渴望让我留意身边的传统文化,这种从内心深处迸发出来的渴望也许就是我心中的艺术。

我的家乡在兰州。兰州刻葫芦技艺独一无二,去年暑假回兰州结识了刻葫芦的齐鸿民老师,他赠与我一把自制刻刀和葫芦。春节,我去拜访他,他硬是让从来不喝白酒的我连干三杯,此后我便叫他师傅。齐老师说:艺术是人类通向理想之道,是人类减轻减缓生活痛苦之道。我闲暇时在宿舍拿起刻刀在葫芦上一刀一刀雕刻出心中所想的图案,忘记要交的论文和要参加的考试,刻好后在微信朋友圈晒出照片看着好友一个接一个地给我点赞,心中无比喜悦,再哼首小曲,这也许就是我心中的艺术。

在工笔画论坛,我认识了青年工笔画家杨啸锋老师,杨老师经常给我打电话畅谈创作的体会。他说,创作工笔人物画的过程,就是用心灵和所绘人物进行一次深度的交流,感知他们的灵魂和情感。

还记得去年参加学校"中华诗词赏析与创作"研修班,听了驻校作家蔡世平老师极具韵味的授课之后,我对中华诗词有了初步的认识和了解。"计算方法"这门课考试的前一天,自习室关门后我回到寝室,将一厚沓复习资料从书包中取出之后,我突然想到了古代凿壁借光的匡衡和头悬梁、锥刺股的孙敬和苏秦,此时他们好像就在我的眼前。我心里默默地问着:是什么让他们如此努力?脑海中闪现出他们给我的回答。这时,我热泪盈眶,结合蔡世平老师所讲的诗词知识,创作出一首诗《观古书》:

走笔孤灯里,读书自在时。

西风叩户纸,蛛网漏青丝。

衣锦青云起,传名四海知。

还来星繄后,捧卷为谁痴?

这次和古人特殊的对话也许就是我心中的艺术。

曾在北航举办过画展和讲座的朱明德老师画鱼数十载,他告诉我鱼就是他心中的艺术。我想我心中的艺术没有具体的意象,而是一种经历,这种经历让我内心充满快乐。在经历的过程中倾听各位老师对艺术的理解,这是我心中的艺术;用贫乏的语言来叙说让我幸福的经历,这是我心中的艺术。今年我在宿舍阳台种了一株葫芦,藤蔓顺着栏杆一天天向上攀爬。课余时我看着枝条上开出的一朵朵黄花,在齐老师送我的葫芦上刻出之前画过的山水画图案,此次学习花鸟画,我又用稚嫩的笔法在宣纸上生出一个个葫芦,这不也是我心中的艺术?

我心中的艺术

何瑞钦 / 北航材料科学与工程学院 2013 级本科生

艺术是什么？从字面来解读，"艺"即技巧也，"术"即方式、手段也，艺术即使用一定技巧表现的方式和手段。艺术有很多形式（方式和手段），如书法、绘画、音乐、摄影等等，它们都是用一些技巧表现出来的东西，然而它们都有一个共性，那就是以美为中心。而我们写作业的字并不是艺术，这是因为我们的重点是作业内容而非字是否美观；我们画机械设计图也用到了各种绘画工具，但这并不是艺术，因为它的侧重点是图纸的准确而非是否优美；我们调制解调的各种声波也是声音，但它并不是艺术，因为它的重点是声波是否失真而非好不好听；我们参加活动拍照用的也是照相设备，但并不是艺术，因为它的关键是要拍到该拍的人和物而非图片是否有新意。总结得到：艺术是以美为中心、用技巧表现的方式和手段。

艺术的定义已经给出，那么我们如何看待艺术呢？这个必须涉及"眼手"理论，暂且我这样命名。我学习过硬笔书法三年，毛笔书法没有系统性学习过，但加起来可算作一年；美术方面，学过素描两年，水粉、速写半年，国画一个月。由于工科生的天性，我对于艺术方面做过系统性的分析和研究，并结合自身情况和观察身边学员与普通大众抽样调查，提出此理论。

首先解释一下，所谓"眼"是指眼界和对艺术的欣赏能力。比如将王羲之的字和我的字拿给普通大众看，前提是他们不知道字是谁写的。大家普遍认为水平差别不大，甚至有人认为我的楷书写得更规范更好看。事实上，我的书法水平和王羲之比差距太大了。然而在大家眼里，我的这种比较规范的字体（接近印刷楷体）就已经是最好的了，或者说这已经是他们能分辨好坏的极限水平了，而王羲之书法的水平已远远超过他们的眼界，他们没有足够的"眼"来欣赏。

而"手"则是我们能表现出来的技巧水平，比如我们画能画多好，字能写多好，就是"手"，而所有比赛中评定选手水平也是以"手"来评定的。很多人说他们眼高手低，就是因为他们没有经过训练，不能控制好自己的手，发挥不出自己心中的最高水平（即"眼"）。很多人说他们画（写）不好，但是会看画（字），就是指自己"手"不够高。

然而大部分人没有意识到的是，他们不光"手"不够高，其实他们"眼"也不够高，比如说当年的梵高之所以会穷困潦倒，就是因为大众的"眼"太低，根本欣赏不了。我们观赏世界级名画，如《向日葵》《蒙娜丽莎》时，根本就不知道这画好在哪里，不过是附庸风雅地说好而已。然而，所有人对自己的审美都是自信的，正如没有人会承认自己品德不过关一样，他们只会说自己画不出来（"手"低），却绝对不会承认自己审美能力不够（"眼"低）。

如果这种现象只是在大众中发生也就罢了，然而这种现象也经常在我们学习艺术的学员身上发生。比如说我画了一个月的国画，画出来的东西感觉和老师的比似乎也差不了太多，或者说不知道自己怎么改进了，这并不是狂妄，而是我遇到了麻烦，因为这说明我的"眼"不够高了，"眼"不够高导致不知道进步的方向，也就是遇到了瓶颈。这个时候也正是我最需要老师帮助的时候——学会如何提升自己的审美和眼界（提高"眼"），因为只有提高了"眼"，令"眼"高于"手"，我才有方向，才能继续进步。然而，大部分学员根本不敢把自己的这种情况说出口，他们怕别人说自己狂妄，说自己审美不行，于是只能默默地自己练习，效果就可想而知了（我先前练字就是这样，练了两年之后遇到了这种情况，不敢说出口，后面一年的时间除了字写得更熟练之外基本没什么进步）。

现在丑书大行其道，某些人的口号便是："觉得是丑怪？其实是你欣赏不了！"，这便是利用大众"眼"低来糊弄他们，因为大部分人不知道好字应该怎么写，虽然相信自己的审美，但对于"高层次艺术"仍然有一种神秘感，这也是"眼"低的悲哀，不知道什么是好，只能去认同"专家"的说法。

对此，我相当反感，这种沽名钓誉、忽悠大众的风气如果不及时遏制，恐怕不久之后出现的就不只有"丑书"，还有"丑画""丑音"……因为艺术是以美为中心，如果颠覆了这一点，那么艺术将不再是艺术，而是少数别有用心之人的炒作和一大群不学无术者的胡闹。

艺术，是以美为中心，用一定技巧来表现的方式和手段。技巧可以标新立异，方式可以别出心裁，但是以美为中心永远是艺术的主旋律！

我心中的艺术

刘爱冬 / 北航电子信息工程学院 2013 级本科生

这次有幸拜李汉平老师门下，迈进国画艺术的世界，数节课下来，蘸墨点彩，勾勒涂抹，一幅妙趣横生的花鸟画就能跃然纸上。我虽画得不好，但也能勉强称之为艺术创作。我们通常认为黄公望的《富春山居图》是艺术，西方康定斯基的《构图七号习作》也算是艺术，在其他的领域，如书法、戏剧、舞蹈等等，只要做出了成就都可以称之为艺术。但是，我们一个个门外汉或者初学者也能创作艺术作品吗？我认为完全可以，只要用自己的笔、歌喉、动作来展现出我们对生活的态度和内心的情感，那么这一切统统可以称之为艺术，艺术藏在每一个人的心中。

人是富有感情的动物，人每天都在经历着或多或少的喜怒哀乐，都在经营着自己的生活。当然热爱生活的人就会对生活有更多的观察，他的内心也就会有更多的感情。当他想表达对自然山水奇美瑰丽的热爱时，《游春图》就在展子虔的手上诞生了；当他想告诉世人自己是多么的愤世嫉俗、清高孤傲时，《孤禽图》上就出现了八大山人所画的一只白眼朝天的鸟。这一切美妙的画作无一不在展示着画家对生活的感悟和自己的情操意志。我们没有那么高超的作画技巧，但是如果我们有诗意的情怀和被艺术包裹的心灵，对生活有着感悟，我们就能用艺术的语言表达出来。当我们闲来无事、恬静淡然时，可以画一只荷叶上的小鸟，即便是荷叶画得不像荷叶、小鸟画得不像小鸟，但是看着自己的作品，一种欣然恬适的喜悦之情就会涌上心头，若别人与我们心有灵犀，看了这画也会被愉悦的氛围感染，这就是艺术的魅力。

但同样是作画，一个匠人每天数以百计地描摹大师的作品售卖以求生计，即便他画得再好、再逼真，人们也仅仅称他为画匠，他的作品也仅仅被称之为工艺品而远非艺术。因为他对自己笔下的画没有任何感情，表达不出他任何的取向，当他拿起画笔铺开画纸的时候，他眼里的可能只有画作卖出去能换回来的钞票，这怎么能称之为艺术？

当然艺术的作用在于表达，为了能更好地表达，我们就有必要研习其术，这样我们的表达才能清晰流畅，甚至达到感染人的目的。勤学苦练各种方法之后我们才能运用自如，我们能准确地表达心中所想之物，起码画山有山的气势，画水有水的灵动，画梅花就是梅花，画麻雀就是麻雀。但仅仅停留在琢磨技巧、模仿名作层面上，即使我们画得再出神入化也仅仅停留在"术"的阶段，此时的艺术也仅仅是通俗甚至庸俗的艺术。我们希望"术"终能练就成"道"，那是天人合一、心外无物，就像张三丰忘掉了所有招式一样，作画者胸中连竹子的样子都没有，但下笔气势如虹、犹如雷震山河，如痴如醉投入其中，观画者如醍醐灌顶终生不忘，想必这样的艺术才是最高的艺术，也是无数人竭尽毕生精力追求的境界。我们若没有过人的天赋，只能先掌握"术"的方面，之后才能追求"道"的层次，先提升自己的艺术修养甚至是文化素质，才能提升艺术造化。

此次花鸟画研修班日子虽短，但在老师的引领下，我迈入了国画的大门。不仅掌握了基本的绘画技巧，也对中国画甚至是中国传统文化和艺术有了更深刻的了解和体验。所谓"师傅领进门,修行在个人",今后我会勤学苦练,不断琢磨,领略国画世界的美丽风光,期盼能成就我心中的艺术。

我心中的艺术

刘梦洋 / 北航机械工程及自动化学院 2012 级本科生

"兄弟我没什么学问,而兄弟我还是有些许学问",这是梁启超讲课的开场白。鄙人不才,引用此句,期望我能将自己的艺术见解谈吐交流,最好能遇一知己共鸣,或遇名师点拨迷惑。

需事先说明,此文所谈论的艺术,定是中国传统艺术。并不是不认可西方艺术,只是我对西方艺术知之甚少,不敢妄加谈论。艺术是中国传统文化的核心,而且"艺术"应为"艺"与"术","术"往往会有神秘面纱,而"艺"才是最应该被重视的,在现今,这一点却正好相反。

首先,艺术的目的不应为名利,而是个人探索内心世界的途径。棋、琴、书、画这四艺从古便有,在古人看来是必须掌握的。古之学者,耻于被称为书法家、画家,在他们看来那只是修身玩味。现今普遍视这四者为四种特长,即四种"术",无非便是会写字,会绘画,会下棋,会弹古琴;更有甚者,有人觉得这是老年人该从事的活动,不适合年轻人。能将此视为生活方式,而不是牟利手段的人少之又少。实属幸运,我遇到过一位师兄,棋、琴、书皆会,尤其擅长书法,才华横溢,谈吐一看便和常人不同。他在我学书法的过程中告诫我学书、学画切不可为名为利,当作玩味,修行即可,现我已慢慢领会。名垂青史的大书法家绝不是专职学书法赚钱的,唐太宗曾办过书法培训班,学生均是天赋才子,老师是有名的欧阳询、虞世南、褚遂良,可学生里无一人在书坛留下青名,可见艺术并不是"术"所能涵盖,这无不暗讽现在的书法专业教学。艺术中最令人向往便是"艺",王羲之晚年褪掉繁华外表,专攻草书,看得出他是在追求空灵悠远的内心,洗涤起初的萧散;看王铎的草书作品,我深深被其震撼——它无时无刻不在反映大书法家内心的困顿与爆发。他们学会了技法后,沉醉于书法之艺中,不图名利,只为探索自己内心,不断修行。

其次,艺术是相通的,学一者需了解其余几者,便可事半功倍。这句话大多数人认可,可又不是那么简单。学书时曾遇到过一些笔法问题,现在的书家也众说纷纭,为使自己免于因囿于不确定中而走向死胡同,我转而学习绘画。起初学习小写意画,画梅花、牡丹等,我将书与画视为两种不同的事物,书与画像两位合作者一样,共同完成一幅作品。当学了这学期的花鸟画后,特别是创作期末作品,并看了苑老师的书画展后,我越发觉得书与画同源,它们的内在是一致的。古人说"书画同源",书与画就像一对孪生兄弟,它们流淌着相同的血液,只是长相有些许不同。古之书画家,如苏轼、松雪、文徵明、吴昌硕、齐白石,皆能书善画。以吴昌硕为例,他善画梅,梅骨梅枝中透露着篆隶气息,笔力老辣,书法中有着画的飞动。书与琴却不同源,只为相似,古人说"左琴右书",它们会像性情相投的知己般,例如古琴有主音与辅音,主音悦耳响亮,辅音低沉小声,像呼吸起伏一样。对比书法,书法有黑有白,黑是墨留下的痕迹,白是笔分割空间后的结果,知黑守白,篆刻表现得更明显,所以说想学习白的分配,可以从古琴、篆刻中借鉴汲取。再比如,古琴和书法均需要记忆,一为背奏,一为背临,不断汲取。音调音色是古琴要记忆的载体,笔法墨法结构就是书法需记忆的。故于我而言,书画没有主次,唯互相汲取、互相开导。

最后,艺术需要勤学苦练,而仅仅勤学苦练又是不足的。"十年画三十年书"告诉我们,艺术入门是很困难、很耗时的,而且很依赖天赋,也是从另一个侧面反映"艺"重于"术"。画家李苦禅曾说:"干艺术是苦事,喜欢养尊处优不行。古来多少有成就的文化人都是穷出身,怕苦,是出不来的。"他80多岁高寿时依旧坚持作画不断,故艺术没有停止的时候,生命的终结才意味着艺术的终结,艺术是一生的探索与表达。"很忙",往往是很多人半途而废的借口。

我心中的艺术,通俗讲,便是忙里偷闲时,泡一杯茶,研一整砚墨,观摩着画谱法帖,手握毛笔写写画画,形其性情,达其哀乐。

我心中的艺术

刘战强 / 北航知行书院 2014 级本科生

在我看来，艺术是高雅的，但不应该是高冷的。艺术对人的成长和感悟有着莫大的影响，经常接触艺术，一方面能够促进人们审美水平的提高，另一方面能够激起人们对生命和哲学的思考。当然，艺术的作用不仅局限于此，它在生活的方方面面都发挥着不可估量的作用。然而，在现实生活中，艺术反而成了阳春白雪的代名词，反而让人感觉不可亵玩、高不可攀。从这种现象可以看出，我国的艺术普及之路仍很漫长。

文化是一个民族的灵魂，而艺术则是文化的核心。在当今中国，文化的继承创新成为社会发展的重中之重。有人曾说，中国的崛起，不是靠武力的崛起，也不是靠经济的崛起，而是靠文化的崛起。中国五千年的灿烂文化是不可估量的财富，放眼世界，也只有中国的文化绵延不断，不曾灭亡，永远有着巨大的生命力和创造力。我们应当清醒地认识到，我们最大的优势，就是我们的文化、我们的艺术。

艺术的发展总是以"人生"为基础，艺术总是激励人们思考生活。朱光潜说："离开人生便无所谓艺术，因为艺术是情趣的表现，而情趣的根源就在人生；反之，离开艺术也便无所谓人生，因为凡是创造和欣赏都是艺术的活动，无创造、无欣赏的人生是一个自相矛盾的名词。"优秀的诗歌、小说、绘画、音乐无不是触及人类心灵的深处，才使我们的情感为之震颤，精神为之提升，思想为之开阔。

优秀的艺术作品，我们百读不厌、百看不厌、百听不厌，每次都会获得新的感悟和启迪，从艺术中关照生命、关照人生。

海德格尔有言：人类应该"诗意地栖居"在这个世界上，然而诗意地栖居，却是那么困难重重。如果我们稍加注意，就会发现人们对于物质的依赖十分惊人，甚至连人类一些原始的生命力和创造力，也得依靠物质的帮助了。我相信人们虽然可以依靠科学活得更美貌更长寿，但科学却无法使我们活得更友善更快乐。

艺术是一切美的代名词，没有艺术的生活是灰色的，人不能没有艺术，就像没有人想让自己的生活成为灰色。今天的世界对艺术没有太多束缚，现在的艺术有着丰富的创造性。我们人人都是艺术家，在这个时代，艺术会走出一条崭新的、不平凡的道路。

我心中的艺术

柳治 / 北航仪器科学与光电工程学院 2013 级本科生

什么是艺术？无人能回答。这就好像是有一千个读者就有一千个哈姆雷特，真可谓仁者见仁、智者见智。我也只能略谈一隅之见，也算作参加"中国花鸟画赏析与创作"研修班的一点感想。

在我看来，艺术就是自己。我何态，我笔下亦何态。不论画，抑或写，甚至唱、跳，诸多艺术形式，都是展现自我的一途。不知不觉间，展现出的艺术就是自我人生的缩影一般。比如白眼看世界的朱耷，身为明皇室后裔，于异族统治的世界，也只能用画笔去表现自己的内心。八大山人的画，自带有其一生的痕迹，这是无法抹除的。

艺术更注重感悟，勤奋是一方面，不教一日闲过自可成为大家，但更重要的是那一瞬间的顿悟，也许1%的灵感，就会产生传世之作，如王羲之的《兰亭集序》，酒醒之后的书圣想要再写一篇，却总也不满意，大概就是这般感觉了吧。

我眼中的艺术大致便是如此。下面记一下我参加"中国花鸟画赏析与创作"研修班的过程与收获。

首先，画国画需要的是一种非对称的美，是一种笔墨趣味。李老师曾说过，当画到一定程度时，怎么画都画不坏了，不论如何下笔，都能找到一份依据。当老师示范作画时，看老师寥寥几笔，一片荷叶、一只蜻蜓便跃然纸上，那种随意，的确是需要时间的磨练才能达到的。

老师指出，我们工科生的思维是对称的。的确，在我们看来对称的才是美的，譬如麦克斯韦方程组，不正是由于它的简洁与对称而成为电磁学的奠基石吗？也许我们应该去发现非对称的美，发现自然的规律。

课上，当老师要求自主创作时，我感到很茫然，不知道画什么好。也就在那随意一瞥间，看见画室墙上有一幅板桥郑燮的竹，蓦然间，"咬定青山不放松，立根原在破岩中。千磨万击还坚劲，任尔东西南北风"的诗句涌上心头，就决定是你了！

说起来容易，真正画起来却远没有那么简单。不仅要考虑整幅画的构图与对比，每簇竹叶还要画得形态各异。由于画竹几乎不用颜料，仅用墨就可，这就使得墨与水的关系尤为重要。

后来，老师讲了画竹的关键：一要求变，不能千篇一律；二要求整，每画一叶，都要审视全局；三要求治，即不乱，求变不等于乱画一气，画完之后，都能说得清每一叶来自哪里。

渐渐地，我画的竹也越来越像，至少一眼看去，知道所画的是竹了。画竹叶又称品竹，一笔下去，按下又提起，看似简单，其中却大有门道。可是看我自己画的竹总觉得少了些什么。细看板桥先生的竹，给我的感觉就是，他一笔下去，就那么有美感，那么干净利落，即使我照着临摹，也无法画出那种感觉。后来，我才明白，我缺的是那一口气——蓬勃生长的生气、瘦骨嶙峋的傲气，那口气贯穿全图，才有了竹之挺拔俊秀。

说来惭愧，我还从来没有见过真正的竹。这也许是我无法画好竹的重要原因，毕竟，艺术源于生活。虽说写意画讲究的是意，而非形，但没有生活中的观察，形尚可通过临摹解决，意则永远无法体悟得出。

我曾读到过一本描写魏晋人物的书，此刻忽然觉得，作为君子象征的竹，与之颇有共同点。画竹时，心中想着魏晋风骨一般的人物，方才能画出孕育其内的气。这只是我的一份猜想，如果以此为努力方向，或许我可以画出真正的竹吧。

我心中的艺术

钱琦 / 北航经济管理学院 2014 级本科生

喜欢色彩，喜欢光影，喜欢一层一层地涂抹颜料，喜欢观察世间纷繁变化，就像梵高喜欢把心灵搁浅在奥维尔荒芜的原野之上。

从未接触过中国画的我之前只觉得中国画意在笔先，神余画外，几笔之内，乾坤尽显，意境皆出。

从小就对绘画充满兴趣的我只学习过西方的画法，却从未对中国画有任何尝试。进入花鸟画研修班，是意外更是幸运。通过跟李汉平老师学习中国画，我对这从未涉及的领域有了更深的认识和了解。

不同于西方的色彩画，中国画给我最深的印象除了墨色的深浅、笔法的力道和变化，就是那意蕴悠长留给人无限想象的留白，就像那雪域，于无形中显现有型，于无声中体味有声。有的时候，多一分则显空洞，少一分便显得冗杂。中国画中的墨与色，更是大自然奇妙的造物，石色、水色和墨色的奇妙融合，比西方的水粉颜料更富变化，中国画的颜料提取于自然的繁花和各色山石，便让作画人有了返璞归真、天人合一的境界。

我一直觉得自己是一个和艺术很有缘分的人，自幼打动我的或者说影响我整个年少时期的，就是行云流水的书法，令人赏心悦目的艺术画作，还有妙笔下生花的诗词。冥冥之中，我觉得它们在我的生命和灵魂中早就交互融合，成了艺术交融的精彩。曾经打动千万人的艺术作品流传于世,后人汲取前人的精华,受到前人的激发,找到新的艺术的灵感,从而找到新的出口,完成各个时期艺术形态的蜕变。

我痴恋于古时代那悠久的文明和词画的精深,却不想否认这个新时代带给我关于艺术、创新的心灵碰撞。很多新的艺术形式,让每一种美都变成了一种纪念。我始终带着对古典美的独特热爱,却从未排斥那些大胆色块的运用和墙上随意的涂鸦。

一个真正的艺术家,只需要尽力表现他自己而已。记得去年6月我曾在上海看过莫奈的油画展,一幅睡莲澎湃我心,我时常在想,年近八十的莫奈要忍受多大的痛苦,耗费多少双眼酸涩的时间,才能画出心中最纯真的色彩!

整幅睡莲,光影呢喃,水碧天蓝。他曾经那样用心地规划近远景,曾经精致地描好了铅笔图稿,曾经那样渴盼最后图景出现一如青春,却最终没有来临。然而他展现了其一辈子对美的向往和追求,对那一朵朵莲花的描绘,做了心的批注、眼的讲解、手的叙说。

从梵高到莫奈,都为自己心中所求、心中所想极尽心力和生命,幻化了隔空交汇的色彩。对比而言,吴冠中和张大千却像是中国画的掌门人,画作有新意也有中国式独特的美感,一尺碎萍画屏幽,最终也收获了功与名,被全世界的人记住和敬仰。艺术家本身毫无比较性可言,只有独特,只有精进,方称一家之作,而真正被拿来比较的,往往是画作的深意。好像也只有我们中国人可以画出那笔墨间独特的旷达与意境。

所以,中国画是对世间万物、花鸟山石加以描绘,以类似于中国诗歌"赋、比、兴"的手段,缘物寄情,托物言志。写意,就是强调以意为之的主导作用,就是追求淋漓尽致地抒写作者情意,就是不因对物象的描头画脚束缚思想感情的表达。

我心中的艺术

饶晗 / 北航材料科学与工程学院 2014 级本科生

也许很多人会认为艺术是十分高大上、十分抽象难懂的东西，只有那些叫做艺术家的人才能接触到艺术，才能明白艺术是什么东西以及如何创造艺术，但是，实际并非如此。通过近一个月的中国花鸟画的学习与创作，我清楚地发现，其实艺术就在每一个人身边，就在每一个人心中，只要用心去发现，用心去寻找，每一个人都可以欣赏到艺术的美，每一个人都可以创作出自己心中的艺术品。在这个过程中，我也逐渐地理解了自己心中的艺术。

我心中的艺术，一切都是来源于生活。托尔斯泰说："艺术是生活的镜子。"艺术是我们表现生活的最好的工具。回想花鸟画发展历史，不管是五代时期的"黄筌富贵，徐熙野逸"，还是宋代的宫廷花鸟画，无不取材于生活。我心中的艺术，都来源于生活，高于生活，也是用来表现生活的。就像托·卡莱尔所说的："美术一旦脱离了真实，即使不灭亡，也会变得荒诞。"想要画好一幅花鸟画，就一定要基于生活去创作。

我心中的艺术，是情感的传递。艺术是充满感情的，每一次创作，都是自身内心情感的迸发。就像花鸟画的创作，画笔深蘸水墨，在宣纸上的每一笔、每一点都是作画者内心情感淋漓尽致的展现与抒发，水墨在宣纸上晕开的每一迹都是作画者对生活绵绵的热爱，每一次挥墨都是作画者深沉情感的显露。不含情感的艺术，就像蘸着焦墨在宣纸上画下的每一笔，是干枯的、干瘪的、没有活力的。就像塞·泰·柯尔律治所说："只有动情写作的作品才能动人以情。"艺术也是如此，如果在创作时没有注入自己的情感，别人又怎会理解自己创作的意图与想法？作品又怎会得到欣赏和认可呢？

我心中的艺术，让人变得深沉、宁静。通过多次创作花鸟画，我真真切切地发现，当全身心投入到画画中去的时候，急躁的心情会变得平和，喧嚣的外界也因此被隔绝，整个人会变得心平气和、专心致志，变得深沉而不浮躁，与画中的意境融为一体，而正是如此，才能够创作出一幅优秀的花鸟画作品。这是做其他事情所达不到的境界。

我心中的艺术，如一幅深沉温婉的中国花鸟画，展现出水墨在宣纸上飘逸的意境，如一首无字的诗歌，歌唱出我心中的点点情感。

我心中的艺术

孙晨 / 北航材料科学与工程学院 2014 级本科生

艺术这个词听起来很高雅，事实上也的确如此，但还不至于曲高和寡而令人望而止步。对于我这样一个典型的工科生来说，艺术在我心中也占据着极大的分量。我本来就对中国的传统文化非常感兴趣，尤为热爱书法、诗歌，一直不断努力提升自己的文化素养。然而对于国画，我之前并没有接触过，因此选修此次由李汉平老师讲授的花鸟课程，对我来说格外珍贵。

艺术属于每一个人，真正的艺术给人带来的美感是不会以人群区分的。今天我想谈谈艺术这个较为宽泛又略显浮夸的话题，主要想说的是我心中以诗、书、画、印为代表的中国传统绘画艺术形式。

在中国传统文化中，诗、书、画、印都是相通的，不仅仅因为它们经常在同一幅作品中出现，也因为它们在艺术创作以及表现方面也是相通的。单纯地从直观感受上说，或许难以理解这四样艺术表现形式究竟是怎样的相通。书法和印章可能好理解，毕竟篆书也是书法的一大门类。而国画创作中的笔墨技巧和书法也有着很多相通之处的，同样的笔走龙蛇，同样的肆意挥洒。诗书画无论是哪种表现形式，其宗旨都是创造出"美"的东西，带给人"美"的享受。关于诗书画相通的问题上，我们要强调的是"意境"。一幅优秀的大写意作品，最重要的就是"意境"这两个字，这就包括了画面的布局，用笔用墨的力度等诸多因素。书法也一样，书法易学难精，写得好看是一回事，但上升到一定水准又是另一回事了，就好像田英章的书法很好，但毕竟还是没有欧阳询的"意境"。艺术作品是作者人格的体现，诗歌尤为如此，作者创造的意境时刻彰显着作者的人格，在这一点上，诗、书、画三者的共通之处更为明显。纵观历代艺术家，无论是书法、绘画还是诗歌，都是作者人格的体现，或激昂，或温婉，或尊贵，或豪放，其中最具有代表性的就是苏轼了，其文章、画作、书法都是一样的坚毅与执着。

  对于我们而言，在创作之前首先要学会欣赏，因为感悟"美"的能力同样重要。而艺术创作并不是为了获得相应的地位与收益，在追求高水准过程中的平衡与磨练，对于我们更加重要，愿共勉。

我心中的艺术

唐海峻 / 北航材料科学与工程学院 2014 级本科生

写下这个题目的时候，我心中已是感慨万千。艺术是那样一个说不清道不明的东西，每个人有每个人的理解，我心中的艺术是一个能让心休息的地方，是一个能给人带来生活灵感与乐趣的精彩世界，是我们经受岁月沧桑后仅存的那一点孩童稚气。

作为一个工科男，我与艺术之间似乎有一条越不过的鸿沟。然而，事实却并非如此。并不是只有艺术家才懂得艺术，艺术不是职业的代称，它是一种心灵感觉，是一种对美的体验。当一个人懂得并享受生活中的美，并有意识地去发现、去领悟这种美的时候，他就可以称得上一个艺术家了，即使他没有绘出传世佳作，谱下惊世名曲。

此次参加"中国花鸟画赏析与创作"研修班让我圆了一个艺术梦，并且这个梦还会一直做下去。驻校艺术家李汉平教授将我们在艺术殿堂外的徘徊变成了殿内的旅行，不仅让我学到了国画绘画的基本技巧，更让我领略到了国画传达出的人文情怀和艺术内涵。有人说：每件艺术品都有它独特的诉求，这种诉求是艺术的生命力。大概说的就是这个意思吧。

研修班结束后，每个人都提交了作品。虽然我的作品算不上佳作，但我仍然喜爱它，不仅因为这是我第一幅真正意义上的艺术作品，更重要的是它背后浸润了我的汗水与深情。看着大家画的一幅幅作品，我惊叹于每个人的创造力。

其实每个人内心都有艺术创作的渴望,只是现实太过于复杂,让我们缺少了最初的纯真与美好,而这正是艺术的内涵,也是自然的内涵。有人说,艺术与科学之间有着天壤之别,可我并不这样认为。我有这样一点感受:刚开始创作的时候,总想画得对称、完美,因为在工科生脑子里,对称是自然的美,但老师告诉我们,艺术崇尚自然、随意。这看似是艺术与科学之间的巨大差异,不过从深层次上看,这并不矛盾。艺术与科学分别从两种不同的角度来刻画自然、生活,一个更具体,一个更抽象,它们之间相得益彰。

正像钱老所说:人,不但要有科学文化素质,还要有艺术文化素质。只有同时具有这两方面的素质,才是一个完整的人。科学与文化密不可分,未来我们这群工科生在科学上的某个突破或许正是受到了某件艺术品的启发。艺术会让人受益一生,艺术会让我们永远保持一颗年轻的心。

我心中的艺术

田兴宾 / 北航物理科学与核能工程学院 2013 级本科生

"远看山有色,近听水无声。春去花还在,人来鸟不惊。"小时候的我,从王维的诗中模模糊糊地理解画的含义。从几笔简单的水彩画到如今可以提笔绘出一幅自己满意的画作,我用了十五年的荏苒光阴。溪旁,植修竹数竿,可以涤尘,可以清俗,所谓思致疏秀,乃此君子之道也。慢慢地,我爱上了画竹,喜欢那挺拔、那抹翠绿、那一片的水墨竹叶趣味。

那年我五岁,妈妈看着我拿起了村里记账先生的毛笔,还有模有样地画了几笔。后来妈妈告诉我:"你五岁的时候就会拿毛笔了。"细细想了又想,始终记不起何时自己还拿起了毛笔,看着作业纸上扭扭曲曲的字,我不禁苦笑良久。

十三岁那年,我上了人生第一节美术课,看着老师用毛笔在黑板上画了一杆"水竹",枝干挺拔刚硬,竹叶繁杂中不失秩序。那节课我一直看着那杆竹,直到水迹消失,重归墨黑。我知道,我以后一定会画竹,画出自己的竹。

何为竹?在接下来的六年时间里,应付高考之余我一直在思考这个问题。我自己的竹究竟应该是什么样的?杆系毫厘,直通云霄?枯石乱竹?还是竹兰同在?但必然会是,"咬定青山不放松,立根原在破岩中,千磨万击还坚劲,任尔东西南北风";必然会是充满墨与水交融的乐趣。

但，虽心中有竹，却笔下无竹，每每都与自己所想相差甚远。跟着李汉平老师学习，我慢慢看清了自己心中的竹子，看清了它每一片叶子、每一个枝干。经过几次的练习，我慢慢熟悉了墨与水交融的变化，看着墨水渐渐地在干净的宣纸上了散开、风干，这本身就是水墨的艺术。提笔绘下了自己的第一幅竹子，虽可入目，却不可观赏。一次一次的绘作，整页整页的竹叶，重复地画，只为更加熟悉如何下笔，如何收笔。

慢慢地，我画出了自己心中的竹：一支粗竹挺拔厚重，旁生细枝，竹叶丛生繁杂却又暗藏秩序。我随心落笔，收放自如。看着自己的竹子，整个人都激动得不行。慢慢地提上自己的字，盖上朱红色的篆章，一幅自己满意的画作诞生了。

这就是我心中的艺术，追寻、沉淀、酝酿，最后喷薄而出，释放了自己的内心所思所想。这也正是我心中的竹。

我心中的艺术

汪晗 / 北航航空科学与工程学院 2014 级本科生

何为艺术？一千个人的眼中有一千种艺术。贝多芬的艺术是雄壮的交响曲，达·芬奇的艺术是传神的油画，齐白石的艺术是逼真的水墨。而对于我来说，艺术不仅仅是音乐、绘画等等，艺术是一切表现美的方式。

"艺术"，一个令人着迷的词！所谓艺术在我看来正是将美展示出来。哲人说："生活从不缺乏美，只缺乏发现美的眼睛。"艺术，恰恰是艺术家们用他们敏锐的双眼捕捉生活中闪耀的瞬间，并将其或以音乐或以诗歌或以绘画的形式展示出来的美。

艺术能慰藉人的心灵，因为它是美的；艺术能启发人的思想，因为它是美的；艺术能引导人的思维，因为它是美的。于我而言，美和艺术从来就是一对近义词。没有美的艺术，何谈艺术？失去了艺术表现的美，又有什么张力呢？

艺术的美，未必曲高和寡。艺术源于生活又高于生活，它从不是小众的东西。我眼中的艺术，就在生活的每一个角落，静待发现。

我心中的艺术

向家兵 / 北航物理科学与核能工程学院 2014 级本科生

很喜欢高晓松的一句话："生活不是眼前的苟且，生活有诗和远方。"生活不是为了活着而活着，我们活着是为了生活。每日为学习、为工作的奔波忙碌，已经麻木了我们的灵魂。我们不再留意道旁的野花，我们也没有闲情逸致去月下闲庭信步，甚至，那美妙的雨声也成了扰乱我们学习和工作的负累。我们要的不只是面包，还应该有水仙花。我想，这就是我们需要艺术的原因吧。

海德格尔说，我们应该诗意地栖居。那什么是"诗意"呢？我们谈艺术，那什么是艺术呢？曾经认为，能够称为艺术的，应该是那些陈列于博物馆、展览馆的大师的绘画，是那金碧辉煌的音乐厅中演奏的钢琴曲。这些东西，仿佛都离我们很遥远。没有多少人愿意去欣赏毕加索那荒诞怪异的抽象画，也没有多少人能够想象出贝多芬的命运交响曲中作曲家同命运抗争的激烈画面。"艺术"只是曲高和寡的阳春白雪，绝不是下里巴人。这一切的一切，都将我们与"艺术"拉远了。到后来才发现，其实我对艺术是误解了。朱光潜先生在《谈美》里面谈到：我们对一棵古松，可以有三种态度：实用的态度、科学的态度、美感的态度。其实，这三种不同的态度分别对应不同的处世方式。而真正的艺术，其实就是让我们能够产生美感的事物。艺术的优劣之分，只在于其给我们美感的程度。的确，有的艺术作品很难以让人理解。但是，试想，到底是艺术作品太高雅呢？还是我们现代社会的欣赏水平太低了呢？甚至说，我们连日常生活中的艺术都熟视无睹，难道是艺术本身的错吗？显然是我们现代社会浮躁的风气，快节奏的生活方式，使我们连静下心来欣赏身边美的时间都挤不出来，这无疑是我们这个时代的悲哀。

再谈谈中国写意画吧。我一向敬仰中国古代的先贤，他们创造出了用水墨的渲染、白与黑的对比来表达自然之美和自己的生活情趣的艺术形式。与西方的写实绘画不同，中国画，尤其是写意画，更在于情感和神韵的传达，而写实往往成了附属品。写意画的画面通常都是简练却不单一的，中国画能用不同的墨色来刻画出生动的形象，这可以说是其他画派做不到的。并且，中国画还涵盖了深厚的中国哲学。墨与水的调和，象征着太极阴阳两极的相辅相成。明与暗的对比、疏与密的对比，这些都能反映出一个画家的画技，和他的思想境界。

写意画兴盛于唐宋，有着悠久的历史与深厚的文化底蕴。琴棋书画，诗酒茶花。画，自古以来就是中国文化不可或缺的一部分。北航作为一个理工科院校，有必要进行人文素质方面的教育与传扬，尤其是中国传统文化的传承。所以，这门选修课的开设，反映出校方对人文教育这方面的重视，而每个大学生，也应该多去接触中国传统文化，去感受我们身边的艺术。因为，生活不是眼前的苟且，生活有诗和远方。

我心中的艺术

谢步堃 / 北航机械工程及自动化学院 2013 级本科生

"艺术"该是个很深邃的词吧。之前我一直认为它不是一般人可以感受的。首先必须心静且诚,要对艺术有一种发自内心的喜欢。再加以博览群书以及持之以恒的练习,然后才可以说是懂得艺术的人,才能去评论。艺术虽然有很多种形式,比如琴棋书画,无一不包含着博大精深的内涵。但要说理解艺术,绝不是那么简单的。

后来我才慢慢意识到,艺术并不是那么遥远,源自生活的艺术是每个人都可以接触到的。甚至,艺术就在身边,我们可以亲身去感受,也可以来一次极具艺术性的行为。特别是在如今这个新事物不断出现、各领域界限逐渐模糊的时代里。

国画是艺术的一大代表。作为一名从未与绘画有任何交集的工科生,我从未想过可以距离国画如此之近。

在这次课程中,我真真切切地感受到了水墨的气息。将毛笔蘸上墨,在宣纸上实实地画上一笔,然后慢慢地看着它在宣纸上化开。水多了的话,就会把边线化得很模糊;水少了的话,又难以在纸上呈现出饱满的线条。我多次在纸上横纵交叉,看着笔画交叉时墨色的痕迹思考,突然就想起小时候在电视剧中看到的唐寅作的一幅荷花图,在收笔之后,看到花慢慢地自己绽放。不知道历史中是否真的有过这样极具生命气息的画,但是这也正体现了水墨画的特点。墨在宣纸上渲染出的点点痕迹都慢慢晕开,这就是国画的生命力的一种表现吧。

  我对于李汉平老师给我们示范的秋季荷叶印象十分深刻。同一支笔,在纸上来回地行走,把荷叶的形态层次都表现得十分传神,这就是我们一直在说的国画注重的浓淡、粗细层次对比吧。整齐划一的只是机械枯燥的世界,只有富有变化才会让画卷精彩,包括所用颜色的讲究,以及对题字、印章的要求。一幅画就是一个世界,它们需要各个方面的平衡,很有讲究,仅仅一支笔、一碟墨就可以拥有整个世界。国画并不追求西方的形同,只要韵味到了就是一幅好作品。但是这样的韵味想来需要慢慢去体会,慢慢去理解。

  什么是艺术?我的理解就是一份心境的感受。有一份对艺术的热爱,慢慢融入艺术的氛围中,去感受艺术的气息,去体会先辈们留下的瑰宝,然后沉心去研修,以收获艺术并得到自己的理解。艺术来源于生活绝对是有内涵的。我们需要有一颗善于观察的心,观察生活的点点滴滴,并将它们化为对艺术的追求加以创造。如果没有生活的积累,或许对先辈们留下来的经典都不能参悟,更不会有对艺术的理解了。

  我心目中的艺术,已不再遥远。感谢此次学校提供可以接触国画的机会,以后我还要时常练习,希望会有满意的作品。

我心中的艺术

杨云江 / 北航机械工程及自动化学院 2014 级本科生

今天,我们中国大学生基本上都是由高考选拔出来的。经过高考的历练,我们也许确实提高了能力,但是或许我们更多地学会了功利化,过于急于求成,而且极其浮躁。当下,学识理论化,缺乏实践,我们很多人的思想变得单一化,浪漫情怀缺失,因此合适的艺术教育对我们有重要意义。

我心中的艺术并非多么深奥,只要可以带给我们益处就可以了。很多同学从小就开始学习唱歌、跳舞和绘画,但是随着时间的推移,一切好像没有我们想象的那样美好。在时间的长河里,我们迷失了自己,不知不觉间我们所表达的艺术好像并不是我们内心的呼唤,我们没有考虑自己,而是仅仅去考虑别人怎么看。尤其是高考过程中,主要是看分数而不是看其中的价值或是我们的心声。我相信这一切不是我们所要的。艺术是我们对客观世界的表达,或者是我们向别人表达我们心中的感受的方式。

不管曾经是怎么样的,一切都已化为尘封的旧事。我们已经离开那个时期,重要的是把握我们的未来。由于文理分科,所以学校现在也在加强文化建设,通过不断地完善文化传播平台来提供多样化的文化艺术体验,提供不断增强大学文化底蕴的校园人文艺术环境。我心中的艺术就是像现在这样,能够在对学生专业文化知识和技能素质进行培养的同时,更加注重使学生视野更加宽阔、情操更加高尚、灵感更加丰富、思维更加活跃、人格更加健全的人文艺术素质教育，以打造出与众不同的新一代人才。这便是我心中的艺术。

此外，艺术所包含的内容非常丰富。古今中外，各式各样。所以对于我们非专业人士来说，在了解和学习艺术的时候不能仅限于一个狭小的空间里，而是要广泛地涉猎，把多元的文化集中于一体，从不同的角度去解读。在这个信息化的时代，信息传播的速度很快，文化交织在一起。同时艺术是一种积累，中华五千年的传承，其中有无限种类的艺术流传下来。所以我们在了解当下艺术文化的同时，更不要忘记我们传统的艺术文化，广义的艺术文化才是我心中的艺术。

总的来说，我心中的艺术就是充满烂漫情怀，功利化不是那么浓，一切都不需要多么高深。好的艺术可以让我们在焦躁不安的时候平静下来，使我们在开心的时候更加开心。将来不管发生什么事，都想这样一直和艺术为友。我想一个人的一生唯有充满诗情画意，人生之路灿烂多姿才是完美的。

我心中的艺术

张静 / 经济管理学院 2013 级本科生

关于艺术，我只字不懂，在这里班门弄斧，浅谈一下我对于艺术的看法。

关于艺术的金钱论太过浅薄，艺术的价值而今已经远远"超越"它本来的意义。艺术成了可以用金钱、学历和证书衡量的商品，艺术成了家长手中的一项投资，潜移默化之间，懂得一门乐器或是掌握一些绘画技巧成了孩子将来可以炫耀的资本。艺术更是成为技术和学龄的化身，秀技和论资排辈成了评判艺术家的标准。当技术不仅仅是资本时，时间超越了时间本来的意义，大家的赞许，于那些真正的艺术家而言，是一种伤害，是一种辱没。

我不懂乐谱，也不了解绘画，对于文化我更是知之甚少。经历过高考，"艺术"对于这个社会的意义也就显而易见。于那些孩子们而言，"艺术"并非善良的天使，而是一块硬邦邦的敲门砖，是埋葬童年乐趣的"坟墓"。而在这样一个什么都可以用金钱来衡量的社会，童年和快乐也可以用未来金灿灿的生活来衡量。把个人的梦想强加在自己的孩子身上是自私的，于孩子们而言是无奈的。

艺术，于我而言，就是自由。我自由地支配我的生活，任由我的兴趣所在弹着我喜欢的乐器；我自由地写着我自己想表达的文字；任由我的思想通过自己的画笔落于纸上。如果没有了自由，我就不能理解艺术的意义所在。艺术是表达，人生一世，知己难遇，心中的感觉有时无人能解,许多感情有时无法溢于言表,而艺术却是永远不离不弃的知己。

在这个浮躁的令人不能自已的社会,我用宣纸写着我的思想,画着我的爱恨。这样简单,这样幸福,因为,艺术就是美好。

我心中的艺术

张垒 / 北航物理科学与核能工程学院 2013 级硕士生

报名参加"中国花鸟画赏析与创作"研修班其实是很偶然的机缘，也算是满足了自己多年的一个心愿。

我的家乡是内画发源地。从小身边的亲人朋友多有学习内画者，自己也曾尝试，最终因忙于学业无法专心而作罢。内画是一门需要极高专注力的艺术，以极细极小的笔尖伸入瓶腹作画，稍有差池便功亏一篑，然而我家乡的艺术家们却在这方寸之间开辟出无限广阔的艺术天地。我曾看到叔叔的内画花鸟，以放大镜放大数倍可以看到鸟儿的瞳孔；也曾看到小小瓶壁上的广袤山水，仿佛可以随着视野无限纵深；还曾看到以形似龙头的水晶瑕疵为灵感创作的长龙飞天，栩栩如生，仿佛瞬时就要破壁而出。这方寸之间的变化让我着迷。我常坐在叔叔的书房看他的作品，看厚厚的图谱，感悟人们在物质生活之余对于艺术的追求，在有限的尺幅内纵情写意，在狭小的方寸间点墨成金。

我爱西方画的浓墨重彩，动荡激越，更爱中国画的形简意丰，清淡悠长。这种审美趣味甚至影响了我的人生观，所谓大道至简，少即是多。写意画不求工细形似，只求以精练之笔勾勒景物的神态，寥寥几笔，尽得风流。这种求神似不求形似的艺术形式，对作画者和赏画者都提出了更高的要求，除了绘画技法，似乎更重要的是一种心性，一种神闲意定、沉醉其中的心性。在快节奏的当今社会，这种心性无疑会给我们的生活以滋养，让我们在浮躁的现实世界里更沉着地扎根。

艺术是一个太抽象的概念，我没有时间也没有能力在短时间内说清。我心中的艺术，是对现实世界的升华，将生活中的美用富于变化的形式进行再现，在这个过程中，又产生了新的美。所以，艺术在我心中等同于美，而这种美，有很多种类型。富丽堂皇是美，清雅简约也是美。奇巧诡谲是美，古朴俭拙也是美。不同的人生阶段，不同的眼界心境，会使我们有不同的审美趣味。然而不管是什么，我相信艺术应该是美的，应该给我们的现世生活以滋养和指引。艺术不应是避世的桃花源，更不是虚幻的乌托邦。它应该是一股清泉，让我们从中汲取面对丑恶的勇气和拥抱生活的力量。

最后，我想以徐贲的一首诗来结束这篇随笔，祝愿所有世间人都能找到并享有心中所爱的艺术：

> 看山看水独坐，听风听雨高眠。
>
> 客来客去日日，花落花开年年。

我心中的艺术

张舒晴 / 北航知行书院 2013 级本科生

尼采说道："只有作为一种审美现象，人生和世界才显得是有充足理由的。"又说："艺术是生命的最高使命和生命本来的形而上活动。"尼采讴歌的是用生命创造的酣畅淋漓、热情洋溢的大境界艺术。朱光潜先生也说过："人生本来就是一种较为广义的艺术，离开人生便无所谓艺术，离开艺术便也无所谓人生。"完美的生活是一种艺术化的生活，诗意的人生必不可缺少艺术。尼采和朱光潜先生都把艺术置于一个具有哲学意义的人生高度上，他们的话就如人生审美、艺术化的宣言书。不可否认，人类创造出艺术这种形式，对于芸芸众生中的平凡的我们来说是一件幸事。

在我的理解中，艺术是人极具创造性的一种形式，它把人内心的情感化作视觉上的物象，化作听觉上的声音，以及各种令人赞叹的形式。艺术是情趣的活动，情趣愈丰富，生活也愈多彩。从这个角度看来，人的一生就是一曲艺术的篇章，正如在宣纸上的泼墨，深浅不一，远近相称。这部人生艺术作品境界如何，有赖于个人的功力。功力可修炼，修炼的基础在于对生活的感知，对真善美的追求。从这个角度看来，美好的人生创造美好的艺术，美好的艺术推动人生之丰富。艺术的一个作用在这里显现，即教化，艺术以丰富人的内心世界，以培养人对真、善、美内在的驱动力，以推动社会和谐发展，以实现人与自然的交融。这种看似没有一点实际作用的创作形式，实则揭示了"无用之大用"的道理。

艺术的思维与科学的思维有别。艺术并不强调严谨，在这一点上，又显示出它的可爱。艺术不是一板一眼，不是左右对称，不是精确至毫厘，而是在不严谨中彰显自己的活泼生动，彰显生活的情趣感，彰显生命的酣畅淋漓。苏东坡论文，谓如水行山谷中，行于其所不得不行，止于其所不得不止。这就是艺术的生动活泼、酣畅淋漓。

中国画在一张薄纸上即可显现出笔力、笔气、笔韵来，令人拍案称奇。墨之深浅疏密，焦浓重淡清，中锋侧锋逆锋战锋，就可创造出别样的格调，不需五颜六色，不需精雕细刻，不需光怪陆离。笔力扛鼎，著书写性，高山坠石，入木三分，令人无限神往。中国画讲究衬托，远近，疏密，浓淡，曲直，前后，在衬托中展现气韵，在衬托中取势，这里也体现了东方的辩证思维与形象逻辑，不似形式逻辑的机械单一。观物取象，托物由心，化繁为简，天人合一。

这学期我参加了"中国花鸟画赏析与创作"研修班，有机会一握毛笔在宣纸上泼墨挥洒，用自己幼稚的创作真实体会了艺术带来的愉悦感，不胜荣幸。第一次接触花鸟画，笔力稚嫩，称不上创作，涂鸦耳，然而也是满心欢喜。李老师及其他诸位老师的认真，各位同学的用心，都令人敬佩。这次学习拉近了我与花鸟画的距离，虽然课程结束了，艺术的精神却是可以带到未来的生活中去的。正如尼采所言，只有作为一种审美现象，人生和世界才显得有充足的理由。

我心中的艺术

赵嘉伟 / 北航宇航学院 2014 级本科生

艺术是什么？直到现在我也说不清楚。成为一名艺术家？对于我来说，这更是从未敢奢求的。对于艺术，我曾经认为，它从来没有在我的生活中扮演过重要的角色，那些别人眼中的艺术家，在我看来只不过是一些无聊到极点的人，用他们所想象出来的一些荒唐的东西来欺骗我们的情感！我不知道这种思想是从什么时候深深地植入我的脑海中的，现在想起来确实是当时太幼稚。

正是因为有这样幼稚的想法，从小我就开始一味地排斥艺术，换句话说就是敬而远之。美术馆、音乐厅，我都没有去过，因为它们既给不了我精神上的放松，又给不了我实实在在的感受。但是现在，我对艺术的看法有了些许的改变，确实，艺术能给我们带来一种不一样的乐趣，尤其是在自己能够完成一幅简单的艺术品之后。

通过对花鸟画的学习，尤其是在自己亲自画画实践的时候，我才发现，要想画好一幅画还是相当困难的，尤其是画面里所包含的一些不同于理性的东西，更让我感到回味无穷，我从没有这么近距离地，这么心静地去体会一件艺术品！我也从没有像现在这样感受到艺术所带给我的快乐！

很高兴能够参加这期"中国花鸟画赏析与创作"研修班，我从老师们精彩的讲解中收获了许多以前没有的知识与乐趣，最后祝愿这种活动能够越办越好。

我心中的艺术

陈琛 / 北航数学与系统科学学院 2012 级本科生

这个社会总是喜欢给别人贴标签。一个人喜欢读书作画,我们叫他文艺青年;一个人善于读书作画,我们说他具有文艺特长;一个人专于读书作画,我们称他为艺术家。

这个社会也喜欢给自己贴标签。为了成为文艺青年,很多人匆匆地逛完艺术馆,然后赶紧发张照片到社交网络,往往还要摘抄几句"治愈系"文字做陪衬;为了成为艺术特长生,很多人从小参加各种补习班,获取很多证书,只为一个好大学的录取通知书;为了成为艺术家,很多人辛辛苦苦忙于应酬,勤勤恳恳乐于关系。

我们说,艺术是让人类生活更美好的。但是,我们发现有时候艺术却让人活得很累。当现实与初衷相背离的时候,我想我们应该好好思考为什么会这样?

记得胡适在《什么是文学》一文中这样说过,文学有三个要件:第一要明白清楚,因为文学不过是最能尽职的语言文字,因为文学的基本作用还是"达意表情",故第一个条件是要把感情或意,明白清楚地表出达出,使人懂得,使人容易懂得,使人决不会误解。若是你看不懂,那么,它就通不过这第一场"明白"的试验。它是一种玩意儿,"语言文字"的基本作用都够不上,哪配称为"文学"!

看得懂,就三个字,很简单,但是现实中却很复杂。因为大家都看得懂还有什么价值呢?故作高深再加上一句"天机不可泄露"

仿佛更有说服力。

我说我手里的一杯水就是艺术,因为在阳光下我轻轻地摇晃它,它会在我心中"波光潋滟",引起我的无限遐想……当我跟别人说这个的时候,听的人也就微微一笑,但心里估计会说:这个人在装。当我再问什么是艺术时,大多数人会告诉我:你去艺术馆看啊!于是,我去了艺术馆,但是说句心里话,艺术馆里的灯光很漂亮,环境很干净,气氛很安静……但是,所谓的艺术品——很看不懂,但是我去过艺术馆依然心里很高兴,是被艺术感染得很高兴?当然,有这样的感悟,但大多数时候我是觉得我去过艺术馆,看了一下午艺术品,我比别人会生活,这种比别人更"高雅"的心态让我很高兴,看起来很虚荣,但我真的是这样,不知道你是否和我一样?大家满怀激动地走出艺术馆,高谈阔论,不知为什么,在我眼里总有一种"皇帝的新衣"的感觉。

艺术被人们捧得太高了。再好的东西被放到神坛上,也会变得不那么容易接近,人们对它更多的是胆怯,进而就是盲目的追求与膜拜,因为神坛上的东西即使不能给自己带来实际好处,至少也会保佑自己"喜乐平安",总之是有用的。

久而久之,艺术要么成为遥远的传说,传说是美好的,但是传说也是离我们最遥远的东西;要么成为功利的捷径,这条捷径是我们离功利最近的,但也是最肮脏的。

说了半天,到底什么是我心中的艺术呢?

在我心里,什么都可以是艺术,因为艺术不在任何地方,也没有任何定义,而存在于你的心中,还有存在于你那双热爱生活的眼睛里。

这样的艺术不见得是最有用的，但是绝对会让你回味起来热泪盈眶，因为你会发现，不为了"有用"而去生活是件多么美好又多么艰难的事情。

我心中的艺术

谭爽 / 北航人文学院 2012 届博士、中国矿大文法学院教师

按压、提起、回转、皴擦……随着柔软笔尖在洁白宣纸上舞动，荷花、莲叶、水鸟、小鱼，在一片静谧的湖水中渐次呈现。我虽无法如大师般技法纯熟地挥毫泼墨，却依然用对"美"本能而朴素的理解，努力地描绘心底景致。我虽只是个门外汉，却恰恰因这种"业余"而领略到艺术的另一种美好。

这种美好，不是对专业知识的信手拈来、条分缕析，而是在工作一天后，可以沏一壶清茶，读一本艺术著作，去探索未知的瑰丽世界。

这种美好，不是如作家、舞蹈家、书画家一般妙笔生花、长袖善舞、挥洒自如，而是在哄孩子入眠后，可以随心所欲地在纸上涂抹，在琴上弹拨。

这种美好，不是对艺术作品有真知灼见，能侃侃而谈，而是在劳累一周后，去美术馆看画，去剧院听戏，去音乐厅赏曲，用内心经历解读个中情韵。

……

这种美好，专属于艺术的门外汉，一知半解却更富热情，不知不畏却更有勇气。

这种美好，在李汉平老师的花鸟画研修班上，展现得淋漓尽致。它不是在笔尖流转的水墨技艺，而是我们这些门外汉的认真、努力、

虔诚与欣喜。

我记得靠窗那个瘦高男同学拿到毛笔时的新奇：他不停地沾着水在毛边纸上涂抹，像是在创作早已构思好的画面；而他身后的女孩则提着笔不知所措，迟迟未敢落下。

我记得前排一位老师津津有味地欣赏幻灯片上的传世花鸟画，不时埋头认真写几行笔记，又或是用手机一一拍下。我记得漂亮师妹与我反复探讨如何才能保证笔中的水墨层次，让荷叶更显灵动；又多么仔细地勾画一只红色蜻蜓，虽然被玩笑称作像一架直升机。

我记得有位执着要临摹老鹰的男生，在老师几番劝说下，仍然不改初衷，几稿下来，竟真的进步长足。

我记得几位本就功底不俗的书画爱好者，即便已对用笔用墨非常熟练，却仍然在课上课下相互切磋、勤加练习。

我记得第一次课后，大家将自己的处女作发到微信群里的兴奋与羞涩，那些笔法稚嫩的鸭子、雄鸡、南瓜、墨竹，都在短短半个月后，进化成为活灵活现的鸭子、引吭高歌的雄鸡、栩栩如生的南瓜、风骨秀逸的墨竹。

我记得最后一节课，每一位同学都小心翼翼在作品上用最工整的字迹提上姓名，再认认真真地按下印章，仿佛在宣告重要使命的终结。

当然，我最难以忘记的，是李汉平老师所言，中国画，气韵为首，形体次之。正是对艺术的此番解读，让我们这些门外汉有了更多的信心，也更加理解艺术的价值不在于它的表现形式，而在于它承载的意义。

这种美好，在花鸟画研修班落下帷幕之时，我对它有了更深的理解：艺术或许本没有门内与门外之分，艺术乃生活，生活皆艺术。艺术家、艺术作品，不仅仅是被称颂的符号，更是生命，不应由评论家以晦涩的词句给出注解，而应是深入每个个体的人生经历，传递出属于自我的独特意义。

对于我们这50余位来自理、工、文、法等不同专业领域的学员而言，艺术仍然是一座神秘园，但这次从无到有的创作，拉近了我们与这座神秘园的距离，让我们能用热情激发潜能，为勇气注入理性。

燥热的六月，荷塘里蝉咏蛙鸣，我用一个门外汉对艺术的尊重与虔诚，描摹出一幅夏荷图。虽不完美，却热忱、真挚，用尽力量。

报道
BAODAO

媒体视野中的
北航 2015 年度驻校艺术家计划

《艺术中国》2015 年 5 月 22 日报道
北航 2015 年度驻校艺术家计划近日启动

本网讯（记者 兰红超） 5 月 21 日下午，北航沙河校区实验 7 楼 205 教室艺术工作坊里座无虚席，著名花鸟画家李汉平教授围绕中国花鸟画的传承与发展、赏析与创作，图文并茂、深入浅出地为 50 余名同学进行精彩讲解，拉开了北航 2015 年度驻校艺术家计划"中国花鸟画赏析与创作"研修班的帷幕，给沙河校区葱郁温馨的美丽校园，增添了浓厚的传统文化意蕴和艺术审美气息。

开班仪式前，北航校长徐惠彬院士向李汉平教授颁发了 2015 年度驻校艺术家聘书。徐惠彬校长对李汉平教授应邀驻校并开展艺术素养教育实践活动，给予高度评价与感谢。徐校长指出，北航作为一所高水平研究型大学，长期以来注重从提升学生的科学基础、实践能力和人文素养等方面培育拔尖创新人才。驻校艺术家／作家计划是北航文化育人的一个品牌项目，对于提升学生的综合素养、激发学生的艺术创造潜力、活跃校园文化艺术氛围，产生了深远影响。他希望李汉平教授在驻校期间，通过理论课程、实践传授、艺术工作坊及展览交流等多种形式，增强中华优秀传统文化独特的育人和精神陶冶作用，使驻校艺术家计划发挥更大的文化育人示范效应。

北航宣传部部长、文化与艺术传播研究院执行院长蔡劲松教授在开班仪式上，介绍了北航艺文赏析与体验教育项目、驻校艺术家计划以及"中国花鸟画赏析与创作"研修班的实施背景、方案及目的。希望同学们在随后一个多月的时间里，以文化与理解、审美与思辩、探索与创作为重点，注重艺术情感、创新思维和想象力、创造力的培育，积极参加研修班的理论和实践学习，努力成为兼具深厚专业知识基础和良好人文艺术素养的优秀人才。

李汉平现为北京林业大学艺术学院教授、中国美术家协会会员、中国工笔画学会会员、中国热带雨林艺术研究院常务理事。作为一位专注于花鸟画创作的著名画家和大学教授，李汉平长期以来十分注重文化修为和艺术视野的拓展，他对花鸟画艺术的研究和创作，在写生的基础上着意于意境的表达，在作品的审美形式和文化品位方面确立了自己的精神高格，形成了自己独特自然的绘画语言，在向着表现时代、把握传统、迈向新里程的道路上，踏踏实实地走出了自己的艺术之路，取得了突出的艺术创作成就。

在"中国花鸟画赏析与创作"研修班的第一堂课中，李汉平教授向学员们重点讲授了"中国花鸟画概述"。从中国花鸟画的渊源与演进，到各时期花鸟画的艺术特征，到花鸟画的文化地位，再到其构成要素以及笔、墨、纸等绘画材料的准备……李汉平教授广博的知识涵养、激情饱满的讲授，使中国山水画的发展脉络、特征属性，丰富而生动地呈现在同学们面前。

本次"中国花鸟画赏析与创作"研修班采用集中授课、示范和创作实践等形式，旨在通过理论学习使学员们对中国花鸟画的历史有一个概略的了解；通过经典作品赏析提高学员们的艺术欣赏水平和对文化传统的认识；通过对基本技法和作品临摹的训练，提高其绘画能力，并根据自己对中国花鸟画的理解和感悟，结合掌握的技法和绘画能力，创作花鸟画作品。

研修班招生简章发布后，得到同学们的积极响应，最终录取了40余名本科生、10余名研究生参加免费学习，将对学习考核合格的本科生计1学分。研修班授课将持续一个多月的时间，共16学时，每周两次课程，随后的七讲内容分别是："写意花鸟画的构图""写意花鸟画的笔法与墨法""写意花鸟画的用色""中国画的题款与印章""写意花鸟画之梅、兰、竹、菊的画法""写意花鸟画之藤本、蔓本的画法""写意花鸟画之草虫、禽鸟的画法"等。课程前后，还将根据需要，适时安排驻校艺术家工作坊实践写生创作，以提高选修学员的创作水平。

作为北航文化与艺术传播研究院策划举办的公益性"艺文赏析与体验"文化育人项目，北航驻校艺术家/作家计划自2013年启动以来，已先后探索实施了"中国山水画赏析与创作""中华诗词赏析与创作"研修班两届，被评为全国高校"礼敬中华优秀传统文化"特色展示项目，在大学文化育人和校园时空中转化为具有当代价值的人文艺术传播场。

据悉，作为北航2015年度驻校艺术家计划的重要内容，"逸韵高致——2015北航驻校艺术家李汉平花鸟画展"还将于6月11日至6月30日期间在北航艺术馆举办。届时，李汉平教授和首都美术界的专家学者、艺术家一起，将在展览现场与学员和师生观众互动交流，深入探讨花鸟画创作的学思与感悟。

《中国教育报》2015年5月25日报道

北航启动2015年度驻校艺术家计划

本报讯（记者　赵秀红）　5月21日下午，北航沙河校区实验7楼205教室艺术工作坊里座无虚席，著名花鸟画家李汉平教授围绕中国花鸟画的传承与发展、赏析与创作，图文并茂、深入浅出地为50余名同学进行精彩讲解，拉开了北航2015年度驻校艺术家计划"中国花鸟画赏析与创作"研修班的帷幕，给沙河校区葱郁温馨的美丽校园，增添了浓厚的传统文化意蕴和艺术审美气息。

北航校长徐惠彬院士向李汉平教授颁发了2015年度驻校艺术家聘书。徐校长指出，北航作为一所高水平研究型大学，长期以来注重从提升学生的科学基础、实践能力和人文素养等方面培育拔尖创新人才。驻校艺术家/作家计划是北航文化育人的一个品牌项目，对于提升学生的综合素养、激发学生的艺术创造潜力、活跃校园文化艺术氛围，产生了深远影响。

《中国科学报》2015年5月28日报道
北航2015年度驻校艺术家计划启动

本报讯（记者 韩琨） 5月21日下午，北京航空航天大学沙河校区实验7楼205教室艺术工作坊内，著名花鸟画家李汉平围绕中国花鸟画的传承与发展、赏析与创作，图文并茂、深入浅出地为50余名同学进行了精彩讲解，拉开了北航2015年度驻校艺术家计划"中国花鸟画赏析与创作"研修班的帷幕。

开班仪式前，北京航空航天大学校长徐惠彬向李汉平颁发了2015年度驻校艺术家聘书。徐惠彬指出，北航作为一所高水平研究型大学，长期以来注重从提升学生的科学基础、实践能力和人文素养等方面培育拔尖创新人才。驻校艺术家/作家计划是北航文化育人的一个品牌项目，对于提升学生的综合素养、激发学生的艺术创造潜力、活跃校园文化艺术氛围，产生了深远影响。

本次"中国花鸟画赏析与创作"研修班采用集中授课、示范和创作实践等形式，旨在通过理论学习使学员们对中国花鸟画的历史有一个概略的了解；通过经典作品赏析提高学员们的艺术欣赏水平和对文化传统的认识；通过对基本技法和作品临摹的训练，提高其绘画能力，并根据自己对中国花鸟画的理解和感悟，结合掌握的技法和绘画能力，创作花鸟画作品。

作为北航文化与艺术传播研究院策划举办的公益性"艺文赏析与体验"文化育人项目，北航驻校艺术家/作家计划自2013年启动以来，已先后探索实施了"中国山水画赏析与创作""中华诗词赏析与创作"研修班两届，被评为全国高校"礼敬中华优秀传统文化"特色展示项目，在大学文化育人和校园时空中转化为具有当代价值的人文艺术传播场。

《光明日报》2015年6月23日报道
北航启动2015年度驻校艺术家计划

本报讯（记者 姚晓丹） 北京航空航天大学近日启动2015年度驻校艺术家计划，著名花鸟画家李汉平教授应邀进驻并开展艺术素养教育实践活动，为北航师生开出"中国花鸟画赏析与创作"研修班。

据悉，研修班招生简章发布后，得到同学们的积极响应，最终录取了40余名本科生、10余名研究生免费参加学习。研修班授课将持续一个多月的时间，共16学时，每周两次课程，学习考核合格的本科生计1学分。

《艺术中国》《雅昌艺术网》《中国美术家网》等报道

【展讯】"逸韵高致"
北航2015年度驻校艺术家李汉平花鸟画展

主办单位：北京航空航天大学文化与艺术传播研究院
　　　　　北京林业大学艺术设计学院
开幕时间：2015年6月14日（周日）上午10:00
展览时间：2015年6月14日至6月30日

展览将展出北京林业大学艺术设计学院教授、北京航空航天大学2015年度驻校艺术家李汉平先生的工笔、写意、写生花鸟画作品70余幅。

李汉平，1962年3月生于湖北；1999年毕业于湖北美术学院国画系，获硕士学位；2007年到中央美术学院做访问学者；系中国美术家协会会员、北京美术家协会会员、中国工笔画学会会员、中国热带雨林艺术研究院常务理事；现为北京林业大学艺术设计学院教授、硕士研究生导师，教育部学位中心硕士论文评审专家。

中央美术学院教授、博士生导师，中国画学会会长郭怡孮曾指出，李汉平长期从事花鸟画的写生与创作，在工笔花鸟画方面更是深有积累。他以极大的热情专注于写生，不断地在现实生活中练手、练眼、练心，努力使自己通达闭目如在眼前，下笔如在腕底的自由境地。他的花鸟画创作在向着表现时代、把握传统、迈向新里程的道路上，踏踏实实地走出了自己的艺术之路。

作为一位专注于花鸟画创作的著名画家和大学教授，李汉平长期以来十分注重文化修为和艺术视野的不断拓展，取得了突出的艺术创作成就，受到学术界、艺术界的高度评价：李汉平通过多年对花鸟画艺术的研究和创作，在写生的基础上着意于意境的表达，在作品的审美形式和文化品位方面确立了自己的精神高格，形成了自己独特自然的绘画语言（中国艺术研究院研究生院副院长、博导陈孟昕）；李汉平多年来为自己拟定的艺术目标就是要在坚持"写意精神"的大原则下，努力创造出一种具有时代感的新中国画（深圳美术馆副馆长鲁虹）；李汉平教授多年从事中国传统花鸟画创作，尤其可贵的是他十分重视观察自然，从自然界的一花一草中汲取灵感，升华为艺术作品（原中央工艺美院院长常沙娜）；李汉平的画，气息的流动，用笔、用色、用墨都已经是整体相谐、气韵贯通、形神相和（清华美院学术委员会原主席刘巨德）；李汉平教授对中国写意画所进行的探讨和研究，是画家将其精神世界通过笔墨语言加以展现的过程，也是画家个体意识的自由发挥和彰显（清华美院教授陈池瑜）；作为一个受过系统的学院美术教育并正在从事学院美术教育的画家，李汉平却能始终坚守中国画的文化立场，从研究传统、敬重传统的角度发扬中国画的文化精神，显现了这一代人难能可贵的艺术品质（《美术》杂志主编尚辉）。

《琉璃厂在线》2015 年 6 月 14 日报道
"逸韵高致：2015 北航驻校艺术家李汉平花鸟画作品展"开幕

本网讯 6 月 14 日上午，"逸韵高致——2015 北航驻校艺术家李汉平花鸟画作品展"在北航艺术馆隆重开幕。北京航空航天大学党委常务副书记张维维教授，清华大学美术学院学术委员会原主席刘巨德教授，中央民族大学美术学院艺委会主任李魁正教授，中国艺术研究院研究生院副院长陈孟昕教授，清华大学美术学院陈池瑜教授，湖北黄冈师范学院莫伯华教授，北京林业大学艺术设计学院院长丁密金教授等领导和嘉宾共同为展览开幕剪彩。开幕式由北航宣传部长、文化与艺术传播研究院执行院长蔡劲松教授主持。

展览共展出北京林业大学艺术设计学院教授、北航 2015 年度驻校艺术家李汉平近年来创作的工笔、写意、写生花鸟画作品 70 余幅。北航党委常务副书记张维维教授、清华大学美术学院刘巨德教授、中央民族大学美术学院李魁正教授、中国艺术研究院研究生院副院长陈孟昕教授、中央民族大学美术学院副院长高润喜教授、北京林业大学艺术设计学院院长丁密金教授等在展览开幕式上致辞,充分肯定了李汉平教授在中国花鸟画创作领域和传承创新方面取得的突出成就,同时对北航驻校艺术家计划及本次展览的意义给与了高度评价。

李汉平现为北京林业大学艺术设计学院教授,系中国美术家协会会员、北京美术家协会会员、中国工笔画学会会员、中国热带雨林艺术研究院常务理事。作为一位专注于花鸟画创作的著名画家和大学教授,他长期以来十分注重文化修为和艺术视野的拓展,多年来在坚持"写意精神"的大视野下,开拓创造出一种具有时代感和创新意识的中国花鸟画独特风貌。

有评论家认为,李汉平教授对花鸟画艺术的研究和创作,在写生的基础上着意于意境的表达,在作品的审美形式和文化品位方面确立了自己的精神高格,形成了自己独特自然的绘画语言,在向着表现时代、把握传统、迈向新里程的道路上,踏踏实实地走出了自己的艺术之路,取得了突出的艺术创作成就。他始终坚守中国画的文化立场,从研究传统、敬重传统的角度发扬中国画的文化精神,彰显了难能可贵的艺术品质。

今年 5 月初,李汉平教授欣然应邀担任北京航空航天大学 2015 年度驻校艺术家,承担由北航文化与艺术传播研究院主持的学校艺文赏析与体验教育项目,为莘莘学子讲授"中国花鸟画赏析与创作"。一个多月来,李汉平教授在北航沙河校区不辞辛苦、悉心传授、耐心指导,用集中授课、示范和创作实践等形式,以他广博的知识涵养和精湛的艺术技艺,毫无保留地带领四五十名理工科同学走进了中国花鸟画艺术创作的世界。

本次展览,同时也是 2015 北航驻校艺术家计划的重要组成部分。从展览展出的 40 余幅工笔、写意花鸟画创作精品和 30 幅花鸟写生作品中，可以看到李汉平教授多年坚持从传统中汲取营养，在继承传统的基础上不断创新，注重从自然界的一花一草中汲取灵感，进而升华为艺术作品。他的花鸟画作品气息的流动，用笔、用色、用墨等都整体相谐、气韵贯通、形神相和，他尤其重视对中国写意画进行探讨和研究，将其精神世界通过笔墨语言加以展现，使观众都能够从他的创作中，感受到花鸟画这门中国优秀传统艺术的巨大魅力，同时更能感受到李汉平花鸟画作品极高的艺术成就、审美意蕴和学术价值。

本次展览由北航文化与艺术传播研究院、北京林业大学艺术设计学院联合主办。出席开幕式的嘉宾还有杨建民、姚舜熙、汪港清、齐鸣、李晓柱、李中杨、杨建国、杨维民、祝东平、吴冰、薛云祥、李雪松、李传真、周爱民、李宽、邵军、魏惠筠、石巍、黄三胜等首都美术界的学者、艺术家以及北航、北京林业大学师生代表200余人。展览从即日起在北航艺术馆开展，将持续至6月30日结束。

《雅昌艺术网》2015年6月14日报道
"逸韵高致——2015北航驻校艺术家李汉平花鸟画作品展"开幕

本网讯（记者 杨晓萌） 6月14日上午，"逸韵高致——2015北航驻校艺术家李汉平花鸟画作品展"在北航艺术馆隆重开幕。展览共展出北京林业大学艺术设计学院教授、北航2015年度驻校艺术家李汉平近年来创作的工笔、写意、写生花鸟画作品70余幅。

开幕式由北航宣传部长、文化与艺术传播研究院执行院长蔡劲松教授主持。北航党委常务副书记张维维教授、清华大学美术学院刘巨德教授、中央民族大学美术学院李魁正教授、中国艺术研究院研究生院副院长陈孟昕教授、中央民族大学美术学院副院长高润喜教授、北京林业大学艺术设计学院院长丁密金教授等在展览开幕式上致辞,并共同为展览开幕剪彩,充分肯定了李汉平教授在中国花鸟画创作领域和传承创新方面取得的突出成就,同时对北航驻校艺术家计划及本次展览的意义给与了高度评价。

李汉平现为北京林业大学艺术设计学院教授,系中国美术家协会会员、北京美术家协会会员、中国工笔画学会会员、中国热带雨林艺术研究院常务理事。作为一位专注于花鸟画创作的著名画家和大学教授,他长期以来十分注重文化修为和艺术视野的拓展,多年来在坚持"写意精神"的大视野下,开拓创造出一种具有时代感和创新意识的中国花鸟画独特风貌。

有评论家认为,李汉平教授对花鸟画艺术的研究和创作,在写生的基础上着意于意境的表达,在作品的审美形式和文化品位方面确立了自己的精神高格,形成了自己独特自然的绘画语言。

今年5月初,李汉平教授欣然应邀担任北京航空航天大学2015年度驻校艺术家,承担由北航文化与艺术传播研究院主持的学校艺文赏析与体验教育项目,并讲授"中国花鸟画赏析与创作"。

据悉,展览将持续至6月30日。

《中国文化报》2015年6月14日报道

李汉平花鸟画展在京开幕

本报讯(记者 李百灵) 6月14日,"逸韵高致——北航2015年度驻校艺术家李汉平花鸟画展"在北京航空航天大学开幕,展出北京林业大学艺术设计学院教授、北京航空航天大学2015年度驻校艺术家李汉平的工笔、写意、写生花鸟画作品70余幅。李汉平,1962年生于湖北,1999年毕业于湖北美术学院国画系,获硕士学位。

《齐鲁晚报》2015年6月15日报道
北航2015年度驻校艺术家
李汉平花鸟画展在京开幕

本报讯（记者 胡敬爱）6月14日至30日，由北京航空航天大学文化与艺术传播研究院和北京林业大学艺术设计学院联合主办的"逸韵高致——北航2015年度驻校艺术家李汉平花鸟画展"于北航艺术馆隆重举办。展览共展出艺术家李汉平先生的40余幅工笔、写意花鸟画创作精品和30幅花鸟写生作品，多样的艺术表现形式得到了众师友的一致赞誉，深厚的艺术造诣赢得了到场观众的赞赏。

出席开幕式的领导和嘉宾有，北京航空航天大学党委常务副书记张维维教授，清华大学美术学院刘巨德教授，中央民族大学美术学院艺委会主任李魁正教授，中国艺术研究院研究生院副院长陈孟昕教授，清华大学美术学院陈池瑜教授，中央民族大学美术学院副院长高润喜教授、湖北黄冈师范学院莫伯华教授，北京林业大学艺术设计学院院长丁密金教授。出席开幕式的嘉宾还有杨建民、姚舜熙、汪港清、韦红艳、齐鸣、李晓柱、李中杨、杨建国、杨维民、祝东平、吴冰、薛云祥、李雪松、李传真、周爱民、李宽、邵军、魏惠筠、石巍、黄三胜等首都美术界的学者、艺术家，北航、北京林业大学师生代表200余人也共同参加了开幕式活动。

中央民族大学美术学院艺委会主任李魁正教授在开幕式致辞中总结了李汉平的艺术发展之路，他说："李汉平给大家呈现出三种不同的艺术表现形式，一种是延续了他所擅长的工笔花鸟画，一种是他深入生活，为大家呈现出具有独特艺术魅力的线描作品，一种是他由工笔而生发出的小写意花鸟画，这三部曲共同诠释了他的艺术探索历程。"而清华大学美术学院刘巨德教授对李汉平的艺术探索精神给予了充分的肯定，他在致辞中讲道："李汉平以一种不张扬的性格立足传统，开拓创新。不管从笔墨、色彩或是章法等方面都体现了中国画的艺术精神。他的写意作品着亮丽颜色,既有古典艺术典雅的韵致,又不失现代的形式美感,有些作品还显现出一种大气、浑厚、苍茫的意趣。"李汉平不仅在工笔花鸟和写意花鸟方面有很深的艺术造诣,写生作品也充分体现了他对传统与现代的体悟。中国艺术研究院研究生院副院长陈孟昕在开幕式上谈道:"我被李汉平的写意花鸟作品和白描作品所深深地感动。感叹于他在写意花鸟画中那耐人寻味的节奏、色彩以及似拙非巧的意蕴。他的白描作品使大家看到了他在花鸟画创作中的创新精神,他用独立的白描作品展示出了他的内心独白,从画作的墨韵与笔法中让大家看到了他对中国画线条的理解。"

本次展览是 2015 北航驻校艺术家计划的重要组成部分。李汉平教授应邀担任北京航空航天大学 2015 年度驻校艺术家,承担由北航文化与艺术传播研究院主持的学校艺文赏析与体验教育项目,为莘莘学子讲授"中国花鸟画赏析与创作"。他以广博的知识涵养和精湛的艺术技艺,带领四五十名理工科同学走进了中国花鸟画艺术创作的世界。

李汉平作为一位专注于花鸟画创作的著名画家和大学教授,长期以来十分注重文化修为和艺术视野的拓展。他由工笔画转入写意花鸟画的创作具有探索性的意义,多年来在坚持"写意精神"的大视野下,以执着的艺术追求,开拓出一种具有时代感和创新意识的中国花鸟画独特风貌。

《文艺报》2015 年 6 月 17 日报道
李汉平花鸟画作品在京展出

本报讯(记者 王觅) 6 月 14 日,"逸韵高致——北京航空航天大学 2015 年度驻校艺术家李汉平花鸟画作品展"在北航艺术馆开幕。此次展览共展出了李汉平近年来创作的工笔、写意、写生花鸟画作品 70 余幅。

李汉平现为北京林业大学艺术设计学院教授,今年 5 月起应邀担任北京航空航天大学 2015 年度驻校艺术家。他长期以来坚守中国画的文化立场，注重艺术视野的拓展，从传统中不断汲取营养，创造出颇具时代感和创新性的中国花鸟画独特风貌。他的花鸟画作品气韵贯通、形神相合，将个人的精神世界通过笔墨语言加以展现，具有较高的审美意蕴和学术价值。

此次展览由北京航空航天大学文化与艺术传播研究院、北京林业大学艺术设计学院联合主办，将持续至6月30日。

《中国科学报》2015年6月18日报道

"逸韵高致——2015北航驻校艺术家 李汉平花鸟画作品展"在北京航空航天大学开幕

本报讯（记者 韩琨）6月14日，"逸韵高致——2015北航驻校艺术家李汉平花鸟画作品展"在北京航空航天大学开幕。展览共展出北京林业大学教授、北航2015年度驻校艺术家李汉平近年来创作的花鸟画作品70余幅。

今年5月初，李汉平应邀承担由北航文化与艺术传播研究院主持的学校艺文赏析与体验教育项目，为莘莘学子讲授"中国花鸟画赏析与创作"。

《中国文化报·文化财富周刊》2015年6月18日报道

"逸韵高致——2015年北航驻校艺术家 李汉平花鸟画作品展"在北航艺术馆开幕

本报讯 6月14日上午，"逸韵高致——2015年北航驻校艺术家李汉平花鸟画作品展"在北航艺术馆隆重开幕。展览共展出北京林业大学艺术设计学院教授李汉平近年来创作的工笔、写意、写生花鸟画作品70余幅。清华大学美术学院刘巨德教授、中央民族大学美术学院李魁正教授、中国艺术研究院研究生副院长陈孟昕教授、中央民族大学美术学院副院长高润喜教授、北京林业大学艺术设计学院院长丁密金教授等在展览开幕式上致辞,对李汉平教授在中国花鸟画的传承与创新上取得的突出成就给予了高度评价。

该展览展出作品多为李汉平教授近十年来创作的新作,从中可以看出他坚持从传统中汲取营养,在继承传统的基础上不断创新,注重从自然界的一花一草中汲取灵感,进而升华为艺术作品。他的花鸟画作品气息流动,用笔、用色、用墨等都整体和谐、气韵贯通、形神相和,他尤其重视对中国写意画进行探索和研究,将其精神世界通过笔墨语言加以展现,使观众都能够从他的创作中,感受到花鸟画艺术的巨大魅力,同时更能感受到其作品极高的艺术成就、审美意蕴和学术价值。

李汉平现为北京林业大学艺术设计学院教授,系中国美术家协会会员、北京美术家协会会员、中国工笔画协会会员、中国热带雨林艺术研究院常务理事、教育部学位中心硕士论文评审专家。作为一名专注于花鸟画创作的著名画家,他长期以来十分注重文化修为和艺术视野的拓展,多年来在坚持"写意精神"的大视野下,开拓出一种具有时代感和创新意识的中国花鸟画独特风貌。

出席开幕式的还有陈池瑜、姚舜熙、韦红燕、汪港清、李传真、齐鸣、李晓柱、杨建国、杨维民、李中杨、吴冰、薛云祥、吕鹏、李雪松等众多首都美术界的专家学者。

展览从6月14日开展,至6月30日结束。

《中青在线》2015年7月1日报道
北航2015驻校艺术家计划"缤纷绽放"
学生花鸟画作品在北航艺术馆展出

  本网讯（通讯员万丽娜　记者原春琳） 7月1日，"缤纷绽放——北航2015年度驻校艺术家计划学生花鸟画作品展"在北航艺术馆正式开展。此次展出的68幅作品，全部为参加北航2015年度驻校艺术家计划"中国花鸟画赏析与创作"研修班的同学们在课程期间临摹或创作的山水画习作。

  北航2015年度驻校艺术家计划于今年5月启动，该计划聘请北京林业大学艺术设计学院教授、著名花鸟画家李汉平先生入驻沙河校区，担任驻校艺术家和"中国花鸟画赏析与创作"课程的主讲教师，为选拔招收的40余名本科生、10余名研究生同学以及部分社会爱好者提供中国花鸟画艺术教学和创作体验。

  据介绍，大部分学生是一、二年级理工类专业的本科生，他们大多数都是以"零起点"绘画基础进入该课程学习和实践，在短短数周"师徒传承"中国绘画传统教学模式下，在课堂内外驻校艺术家李汉平及蔡劲松、马良书两位导师组同仁的悉心辅导下，每一名同学都不同程度地掌握了花鸟画创作的基本知识和要领，并画出了一幅或多幅习作。

  数学与系统科学学院2012级本科生陈琛则感慨："虽然我们都爱这五彩斑斓的色彩，但是懂得取舍才能让颜色活出精彩，被我们所用。中国画的底蕴精神在于笔墨，追求色彩却不注重笔墨的画是没有生命力的。正如我们应该懂得，什么是生活里必须坚守的，又有哪些是可以通过取舍让我们的生活变得更好的。"

  作为北航文化与艺术传播研究院策划举办的公益性"艺文赏析与体验"文化育人项目，北航驻校艺术家/作家计划自2013年启动以来，已先后探索实施了"中国山水画赏析与创作""中华诗词赏析与创作""中国花鸟画赏析与创作"研修班，取得了丰硕的教学和实践成果。

《中国教育新闻网》2015年7月2日报道
北航驻校艺术家计划研修班学生画作展出

本网讯（通讯员万丽娜 记者赵秀红）7月1日，"缤纷绽放——北航2015年度驻校艺术家计划学生花鸟画作品展"在北京航空航天大学艺术馆正式开展。此次展出的68幅作品，全部为参加北航2015年度驻校艺术家计划"中国花鸟画赏析与创作"研修班的同学们在课程期间临摹或创作的花鸟画习作。一幅幅用心创作、才华初现的作品，稚嫩中不乏笔墨精彩和人文情怀，呈现出富有意趣的风景和独特的境界，也展现了北航学生丰富的艺术想象力和创作潜力。北航党委常务副书记张维维教授，宣传部部长、文化与艺术传播研究院执行院长蔡劲松教授，北航2015年度驻校艺术家李汉平教授与同学们共同参观展览，在展览现场深入交流艺术感悟与体会。

北航2015年度驻校艺术家计划于今年5月启动，该计划聘请北京林业大学艺术设计学院教授、著名花鸟画家李汉平先生入驻沙河校区，担任驻校艺术家和"中国花鸟画赏析与创作"课程的主讲教师，为选拔招收的40余名本科生、10余名研究生同学以及部分社会爱好者提供中国花鸟画艺术教学和创作体验。

本次"中国花鸟画赏析与创作"研修班采用集中授课、示范和创作实践等形式，课程教学阶段共8讲16学时，内容涵盖"中国花鸟画概述""写意花鸟画的构图""写意花鸟画的笔法与墨法""写意花鸟画的用色""中国画的题款与印章""写意花鸟画之梅、兰、竹、菊的画法""写意花鸟画之藤本、蔓本的画法""写意花鸟画之草虫、禽鸟的画法"等。

作品展7月1日起在北航艺术馆展出，持续至2015年7月14日结束，9月16日至9月30日将在北航沙河校区艺文空间展出。该计划项目成果荟萃《丹青毓秀·驻校艺术家计划档案》一书将由北京航空航天大学出版社正式出版发行。

《艺术中国》2015年7月2日报道

北航2015驻校艺术家计划"缤纷绽放"学生花鸟画展出

本网讯（通讯员万丽娜 记者兰红超）7月1日，"缤纷绽放——北航2015年度驻校艺术家计划学生花鸟画作品展"在北航艺术馆正式开展。此次展出的68幅作品，全部为参加北航2015年度驻校艺术家计划"中国花鸟画赏析与创作"研修班的同学们在课程期间临摹或创作的花鸟画习作。一幅幅用心创作、才华初现的作品，稚嫩中不乏笔墨精彩和人文情怀，呈现出富有意趣的风景和独特的境界，也展现了北航学生丰富的艺术想象力和创作潜力。北航党委常务副书记张维维教授，宣传部部长、文化与艺术传播研究院执行院长蔡劲松教授，北航2015年度驻校艺术家李汉平教授与同学们共同参观展览，在展览现场深入交流艺术感悟与体会。

北航2015年度驻校艺术家计划于今年5月启动，该计划聘请北京林业大学艺术设计学院教授、著名花鸟画家李汉平先生入驻沙河校区，担任驻校艺术家和"中国花鸟画赏析与创作"课程的主讲教师，为选拔招收的40余名本科生、10余名研究生同学以及部分社会爱好者提供中国花鸟画艺术教学和创作体验。

本次"中国花鸟画赏析与创作"研修班采用集中授课、示范和创作实践等形式，课程教学阶段共8讲16学时，内容涵盖"中国花鸟画概述""写意花鸟画的构图""写意花鸟画的笔法与墨法""写意花鸟画的用色""中国画的题款与印章""写意花鸟画之梅、兰、竹、菊的画法""写意花鸟画之藤本、蔓本的画法""写意花鸟画之草虫、禽鸟的画法"等。

近两个月来，李汉平教授在北航沙河校区不辞辛苦、耐心讲解、悉心传授，以其广博的知识涵养和精湛的艺术技艺，毫无保留地带领同学们走进了中国花鸟画艺术创作的世界。他们中的大部分是一、二年级理工类专业的本科生，大多数都是以"零起点"绘画基础进入该课程学习和实践，在短短数周"师徒传承"中国绘画传统教学模式下，在课堂内外驻校艺术家李汉平及蔡劲松、马良书两位导师组同仁的悉心辅导下，每一名同学都不同程度地掌握了花鸟画创作的基本知识和要领，并画出了一幅或多幅习作。

展览展出的68幅作品，每幅均配有学生作者本人一段流淌着真情的艺术体验和心灵感悟，这是同学们撰写的52篇同题作业《我心中的艺术》《参加中国花鸟画赏析与创作研修班的感受》中的深刻体会。

宇航学院2014级本科生彭厚吾这样写道："通过课程，我学到了许多技法与理念，最中心的理念就是写意不写形，走心不拘泥于形式。我学会的并不只是梅、兰、竹、菊的画法，更有梅的坚毅，兰的清雅，竹的刚直，菊的淡然。"

数学与系统科学学院2012级本科生陈琛则感慨："虽然我们都爱这五彩斑斓的色彩，但是懂得取舍才能让颜色活出精彩，被我们所用。中国画的底蕴精神在于笔墨，追求色彩却不注重笔墨的画是没有生命力的。正如我们应该懂得，什么是生活里必须坚守的，又有哪些是可以通过取舍让我们的生活变得更好的。"

自动化科学与电气工程学院2013级本科生裴天翼在课程随感中这样说："游园过后方惊梦，才知水墨丹青间有如此之玄机。这中华的瑰宝，而当时只道是寻常。既然园中姹紫嫣红开遍，那么就让我一直追寻下去，让水墨陪伴我一生。"

作为北航文化与艺术传播研究院策划举办的公益性"艺文赏析与体验"文化育人项目，北航驻校艺术家/作家计划自2013年启动以来，已先后探索实施了"中国山水画赏析与创作""中华诗词赏析与创作""中国花鸟画赏析与创作"研修班三届，邀请石晋、蔡世平、李汉平三位校外资深艺术家、作家进驻校园，为同学们带来中华传统文化艺术的教学与创作体验，取得了丰硕的教学和实践成果，在校内外引起了广泛反响。《光明日报》《中国科学报》《中国教育报》《中国文化报》《文艺报》《美术报》《艺术中国》等多家媒体予以关注报道。2015年该项目被评为全国高校"礼敬中华优秀传统文化"特色展示项目。

"缤纷绽放——北航2015年度驻校艺术家计划学生花鸟画作品展"即日起在北航艺术馆展出,持续至2015年7月14日结束,9月16日至9月30日将在北航沙河校区艺文空间展出。该计划项目成果荟萃《丹青毓秀·驻校艺术家计划档案》一书将由北京航空航天大学出版社正式出版发行。

《人民日报》2015年7月9日报道
图片新闻:北航驻校艺术家计划"缤纷绽放"

北航2015驻校艺术家计划"缤纷绽放"学生花鸟画作展出。

(余敏 摄)

《京华时报》2015年7月7日报道
学生花鸟画作品北航艺术馆展出

  本报讯（记者 张晓鸽）7月1日，"缤纷绽放——北航2015年度驻校艺术家计划学生花鸟画作品展"在北航艺术馆开展。此次展出的68幅作品，全部为参加北航2015年度驻校艺术家计划"中国花鸟画赏析与创作"研修班的同学们在课程期间临摹或创作的花鸟画习作。

  北航2015年度驻校艺术家计划于今年5月启动，该计划聘请北京林业大学艺术设计学院教授、著名花鸟画家李汉平入驻沙河校区，担任驻校艺术家和"中国花鸟画赏析与创作"课程的主讲教师。

《中国科学报》2015年7月9日报道
"缤纷绽放"的花鸟画

  本报讯（通讯员万丽娜 记者韩琨）7月1日，北京航空航天大学艺术馆迎来了一批特别的展览作品。以往，这里展出的都是著名书画家的作品，而这次，这些花鸟画作品全部出自北航学子之手。同学们颇为兴奋地驻足欣赏。一幅幅用心创作、才华初现的作品，稚嫩中不乏精彩笔触和人文情怀，呈现出富有意趣的风景和独特的境界。

  这是"缤纷绽放——北航2015年度驻校艺术家计划学生花鸟画作品展"的现场。此次展出的68幅作品，全部为参加北航2015年度驻校艺术家计划"中国花鸟画赏析与创作"研修班的同学们在课程期间临摹或创作的山水画习作。北航2015年度驻校艺术家李汉平教授也与同学们共同参观展览，在展览现场交流他们的艺术感悟与体会。

  北航2015年度驻校艺术家计划于今年5月启动。该计划聘请了北京林业大学艺术设计学院教授、著名花鸟画家李汉平入驻北航沙河校区，担任驻校艺术家和"中国花鸟画赏析与创作"课程的主讲教师，为选拔招收的40余名本科生、10余名研究生同学以及部分社会爱好者提供中国花鸟画艺术教学和创作体验。

"中国花鸟画赏析与创作"研修班采用集中授课、示范和创作实践等形式，课程教学阶段共8讲16学时，内容涵盖"中国花鸟画概述""写意花鸟画的构图""写意花鸟画的笔法与墨法""写意花鸟画的用色""中国画的题款与印章""写意花鸟画之梅、兰、竹、菊的画法""写意花鸟画之藤本、蔓本的画法""写意花鸟画之草虫、禽鸟的画法"等。

对于李汉平来说，这群学生也有些特别——他们中的大部分是一、二年级理工类专业的本科生，大多数都是以"零起点"绘画基础进入该课程学习和实践。在短短数周"师徒传承"中国绘画传统教学模式下，在课堂内外驻校艺术家李汉平及蔡劲松、马良书两位导师的悉心辅导下，每一名同学都不同程度地掌握了花鸟画创作的基本知识和要领，并画出了一幅或多幅习作。

在展览现场，人们驻足观看画作的同时还留意到了每幅作品旁边的附加文字。这是学生作者本人的艺术体验和心灵感悟。原来，课程结束后，他们撰写了52篇同题作业《我心中的艺术》《参加中国花鸟画赏析与创作研修班的感受》，用文字为这段时间的艺术体验作了记录。

宇航学院2014级本科生彭厚吾写道："通过课程，我学到了许多技法与理念，最中心的理念就是写意不写形，走心不拘泥于形式。我学会的并不只是梅、兰、竹、菊的画法，更有梅的坚毅，兰的清雅，竹的刚直，菊的淡然。"

数学与系统科学学院2012级本科生陈琛则感慨："虽然我们都爱这五彩斑斓的色彩，但是懂得取舍才能让颜色活出精彩，被我们所用。中国画的底蕴精神在于笔墨，追求色彩却不注重笔墨的画是没有生命力的。正如我们应该懂得，什么是生活里必须坚守的，又有哪些是可以通过取舍让我们的生活变得更好的。"

自动化科学与电气工程学院2013级本科生裴天翼在课程随感中这

样说:"游园过后方惊梦,才知水墨丹青间有如此的玄机。这中华的瑰宝,而当时只道是寻常。既然园中姹紫嫣红开遍,那么就让我一直追寻下去,让水墨陪伴我一生。"

作为北航文化与艺术传播研究院策划举办的公益性"艺文赏析与体验"文化育人项目,北航驻校艺术家/作家计划自2013年启动以来,已先后探索实施了"中国山水画赏析与创作""中华诗词赏析与创作""中国花鸟画赏析与创作"研修班三届,邀请石晋、蔡世平、李汉平三位校外资深艺术家、作家进驻校园,为同学们带来中华传统文化艺术的教学与创作体验,取得了丰硕的教学和实践成果,在校内外引起了广泛反响。2015年该项目被评为全国高校"礼敬中华优秀传统文化"特色展示项目。

《光明日报》2015年7月14日报道

北航驻校艺术家计划学生作品展出

本报讯(记者 姚晓丹) "缤纷绽放——北航2015年度驻校艺术家计划学生花鸟画作品展"近日在北航艺术馆正式开展。此次展出的68幅作品,全部为参加北航2015年度驻校艺术家计划"中国花鸟画赏析与创作"研修班的同学们在课程期间临摹或创作的花鸟画习作。

据了解,参与学习和展出的大部分是一、二年级理工类专业的本科生,大多数都是以"零起点"绘画基础进入该课程学习和实践,在短短数周"师徒传承"中国绘画传统教学模式下,在课堂内外驻校艺术家李汉平及蔡劲松、马良书两位导师组同仁的悉心辅导下,每一名同学都不同程度地掌握了花鸟画创作的基本知识和要领,并画出了一幅或多幅习作。宇航学院2014级本科生彭厚吾说:"通过课程,我学会的并不只是梅、兰、竹、菊的画法,更有梅的坚毅,兰的清雅,竹的刚直,菊的淡然。"数学与系统科学学院2012级本科生陈琛则感慨:"虽然我们都爱这五彩斑斓的色彩,但是懂得取舍才能让颜色活出精彩,被我们所用。中国画的底蕴精神在于笔墨,追求色彩却不注重笔墨的画是没有生命力的。正如我们应该懂得,什么是生活里必须坚守的,又有哪些是可以通过取舍让我们的生活变得更好的。"

《科技日报》2015年7月14日报道

北航学生花鸟画作品"缤纷绽放"

本报讯（通讯员 万丽娜）近日，"缤纷绽放——北航2015年度驻校艺术家计划学生花鸟画作品展"在北航艺术馆正式开展。此次展出的68幅作品，全部为参加北航2015年度驻校艺术家计划"中国花鸟画赏析与创作"研修班的同学们在课程期间临摹或创作的花鸟画习作。

北航2015年度驻校艺术家计划于今年5月启动，该计划聘请著名花鸟画家李汉平先生为选拔招收的40余名本科生、10余名研究生同学以及部分社会爱好者提供中国花鸟画艺术教学和创作体验。

《文艺报》2015年7月17日报道

缤纷绽放：北航2015驻校艺术家计划学生花鸟画展

本报讯（记者 王觅）7月1日至14日，"缤纷绽放——北航2015年度驻校艺术家计划"学生花鸟画作品展在北京航空航天大学艺术馆举行。此次展出的68幅作品均为参加北航2015年度驻校艺术家计划"中国花鸟画赏析与创作"研修班的学生们在课程期间临摹或创作的花鸟画习作，稚嫩中不乏笔墨精彩和人文情怀，呈现出富有意趣的风景和独特的境界，也展现了高校学子丰富的艺术想象力和创作潜力。

北航2015年度驻校艺术家计划于今年5月启动，聘请北京林业大学艺术设计学院教授、花鸟画家李汉平担任驻校艺术家和"中国花鸟画赏析与创作"课程的主讲教师。此次课程采用集中授课、示范和创作实践等形式，内容涵盖概述、构图、笔法与墨法、用色、题款与印章等方面。

据悉，此次展览还将于9月16日至30日在北航沙河校区艺文空间展出。

附录

北航2015年度驻校艺术家计划
中国花鸟画赏析与创作研修班招生简章

近年来，学校高度重视弘扬中华艺文精髓，承续优秀传统活化，充分发挥中华优秀文化独特的育人和精神陶冶作用。自2013年起，由北航文化与艺术传播研究院牵头，已探索实施了"2013年度驻校艺术家计划·中国山水画赏析与创作"、"2014年度驻校作家计划·中华诗词赏析与创作"项目两届，被评为全国高校"礼敬中华优秀传统文化"特色展示项目，在大学文化育人和校园时空中转化为具有当代价值的人文艺术传播场。

北航文化与艺术传播研究院将于2015年5月至6月期间，在沙河校区启动实施"2015年度驻校艺术家计划"，邀请著名花鸟画家李汉平教授驻校，以开设中国花鸟画赏析与创作研修班及艺术工作坊等形式，举办第三期"艺文赏析与体验"教育项目。

一、项目简介

"艺文赏析与体验"教育项目在北航文化与艺术传播研究院的主持下，以"文化育人"为核心，秉承"开放、互动、启发、交流"的宗旨，以"探索与创作、审美与思辩、文化与理解"为重点，通过将知名艺术家/作家引入校园，开设系列讲座或公共选修课程（限定类）、举办艺术工作坊等形式，提供人文艺术赏析与体验的短期教学，鼓励学生参与各类人文艺术体验及创作，进一步激发大学生的创新灵感，发掘大学生的文学艺术天赋，活跃大学生的文化生活，提高大学生的综合素质，从而达到文化艺术"化"人的效果。

第三期"艺文赏析与体验"教育项目主题为"中国花鸟画赏析与创作",由驻校艺术家李汉平教授主持研修班课程讲授,通过开设系列讲座、经典作品赏析及指导花鸟画创作技法实践,提升大学生的艺术通感和触类旁通之综合素质,启发大家在科学探索中用艺术的思维方式创新,使同学们成为具有艺术家气质和艺术修养的高素质创新人才。

二、驻校艺术家简介

经艺术家申请和北航文化与艺术传播研究院驻校艺术家/作家遴选委员会的评选,决定聘请李汉平教授担任2015年度北京航空航天大学驻校艺术家。

李汉平,1962年3月生于湖北;1999年毕业于湖北美术学院国画系,获硕士学位;2007年到中央美术学院做访问学者;系中国美术家协会会员、北京美术家协会会员、中国工笔画学会会员、中国热带雨林艺术研究院常务理事;现为北京林业大学艺术学院教授,硕士研究生导师,教育部学位中心硕士论文评审专家。

中央美术学院教授、博士生导师、中国画学会会长郭怡孮曾指出,李汉平长期从事花鸟画的写生与创作,在工笔花鸟画方面更是深有积累。他以极大的热情专注于写生,不断地在现实生活中练手、练眼、练心,努力使自己通达闭目如在眼前,下笔如在腕底的自由境地。他的花鸟画创作在向着表现时代、把握传统、迈向新里程的道路上,踏踏实实地走出了自己的艺术之路。

作为一位专注于花鸟画创作的著名画家和大学教授,李汉平长期以来十分注重文化修为和艺术视野的不断拓展,取得了突出的艺术创作成就,受到学术界、艺术界的高度评价:李汉平通过多年对花鸟画艺术的研究和创作,在写生的基础上着意于意境的表达,在作品的审美形式和文化品位方面确立了自己的精神高格,形成了自己独特自然的绘画语言(湖北美术学院副院长陈孟昕);李汉平多年来为自己拟定的艺术目标就是要在坚持"写意精神"的大原则下,努力创造出一种具有时代感的新中国画（深圳美术馆副馆长鲁虹）；李汉平教授多年从事中国传统花鸟画创作，尤其可贵的是他十分重视观察自然，从自然界的一花一草中汲取灵感，升华为艺术作品（原中央工艺美院院长常沙娜）；李汉平的画，气息的流动，用笔、用色、用墨都已经是整体相谐、气韵贯通、形神相和（清华美院学术委员会原主席刘巨德）；李汉平教授对中国写意画所进行的探讨和研究，是画家将其精神世界通过笔墨语言加以展现的过程，也是画家个体意识的自由发挥和彰显（清华美院教授陈池瑜）；作为一个受过系统的学院美术教育并正在从事学院美术教育的画家，李汉平却能始终坚守中国画的文化立场，从研究传统、敬重传统的角度发扬中国画的文化精神，显现了这一代人难能可贵的艺术品质（《美术》杂志主编尚辉）。

三、"中国花鸟画赏析与创作"课程介绍

1. 教学内容

第一讲：中国花鸟画概述

第二讲：写意花鸟画的构图

第三讲：写意花鸟画的笔法与墨法

第四讲：写意花鸟画的用色

第五讲：中国画的题款与印章

第六讲：写意花鸟画之梅、兰、竹、菊的画法

第七讲：写意花鸟画之藤本、蔓本的画法

第八讲：写意花鸟画之草虫、禽鸟的画法

2. 预期成果

课程采用集中授课、示范和创作实践等形式，通过理论学习使同学们对中国花鸟画的历史有一个概略的了解；通过经典作品赏析提高同学们的艺术欣赏水平和对文化传统的认识；通过对基本技法和作品临摹的训练，提高同学们的绘画能力，并根据自己对中国花鸟画的理解和感悟，结合掌握的技法和绘画能力，创作花鸟画作品。

2015年6月11日至6月30日，北航艺术馆将举办"逸韵高致——

2015北航驻校艺术家李汉平花鸟画作品展",届时李汉平教授将在展览现场与学员和师生观众互动交流,深入探讨花鸟画创作的学思与感悟。

本项目结束后,项目成果将由北航文化与艺术传播研究院结集出版,同学们创作的优秀作品,还将适时在沙河校区艺文空间或北航艺术馆展出。

四、授课时间及招生方式

1. 授课时间

2015年5月21日至6月中旬期间,每周2次课程,共16学时(分别为:每周四下午3:30—5:30;每周日下午2:00—6:00)。课程前后将根据需要,适时安排驻校艺术家工作坊实践写生创作,以提高选修同学的创作水平。

2. 招生对象

"中国花鸟画赏析与创作"研修班定位为主要面向沙河校区一、二年级本科生开办的人文艺术素养教育实验班,适当兼收学院路校区三、四年级本科生及硕士生。课程类别为限定对象公共选修课,共设名额40名左右,对学习考核合格的本科生计1学分。

3. 报名方式

欲报名的同学请填写附件报名表(下载地址:http://bhcac.buaa.edu.cn/ywsxjy/73974.htm),注明所在院系、学号、联系方式、学习基础与设想等,于2015年5月13日前发送电子版到邮箱 bhcac@buaa.edu.cn。

北航文化与艺术传播研究院和驻校艺术家将根据报名情况,确定研修班正式学习人员,并通知入选同学参加学习。

咨询电话:82339976 余老师、孙老师。

北航文化与艺术传播研究院

2015年5月4日

北京航空航天大学
驻校艺术家／作家实施办法（试行）

第一章 总 则

第一条 为进一步提升学校艺术与人文水平，建构涵养艺术与人文的学习氛围及环境，切实加强人文艺术素养教育，为创新人才培养提供应有的文化支撑，特制定《北京航空航天大学驻校艺术家／作家实施办法》（以下简称"本实施办法"）。

第二条 本实施办法以"文化育人"为核心，秉承"开放、互动、启发、交流"的宗旨，旨在丰富文学艺术与大学教育沟通互补的方式，通过将知名艺术家／作家引入校园，以系列讲座或公共选修课程（限定类）的形式，提供人文艺术赏析与体验的短期教学，进一步启发大学生的创新灵感，发掘大学生的文学艺术天赋，活跃大学生的文化生活，提高大学生的综合素质，从而达到文化艺术"化"人的效果。

第二章 聘任细则

第三条 凡具有下列条件之一，可申请成为驻校艺术家／作家候选人：

（1）驻校艺术家为从事艺术创作或研究，取得突出成果并享有盛名或获有殊荣者；

（2）驻校作家为从事文学创作或研究，取得突出成果并享有盛名或获有殊荣者；

（3）在艺术与人文领域中有杰出表现或重大贡献者。

第四条　北航文化与艺术传播研究院（以下简称"研究院"）每年在网站上发布驻校艺术家/作家招聘信息。驻校艺术家/作家申请人需下载《北京航空航天大学驻校艺术家/作家申请审批表》（以下简称"申请审批表"），认真填写包括个人信息、创作或研究成果，以及驻校目标、教学大纲、预想成果等内容，并提交相关证明材料复印件。

第五条　学校成立驻校艺术家/作家遴选委员会（以下简称"遴选委员会"），主任由主管校领导担任，执行主任由北航文化与艺术传播研究院院长担任，委员由相关领域专家5至7人组成。遴选委员会主要权责如下：

（1）制定驻校艺术家/作家的相关细则及规定；

（2）负责驻校艺术家/作家的遴选、推荐及审核；

（3）负责驻校艺术家/作家驻校期间的活动规划。

第六条　研究院受理驻校艺术家/作家的申请，并提交给遴选委员会，遴选委员会对应聘人员资格条件进行遴选、审查、评审。驻校艺术家/作家经遴选委员会审核通过后，由研究院发函聘任。

第三章　管理细则

第七条　驻校艺术家/作家在同一时间以一人为原则，驻校时间视本校教学或其他需要而定，一般聘期为1至3个月。

第八条　驻校艺术家/作家驻校期间的教学、交流、展演等活动规划由研究院与艺术家/作家按照本实施办法规定内容共同协商制定，并在申请审批表中予以明确。

第九条　驻校艺术家/作家驻校期间须举办面向全校师生的公开讲座、展演1至2场次。

第十条　驻校艺术家/作家驻校期间须全程担任聘期内公共选修课"艺文赏析与体验"（以下简称"该课程"）的授课老师。

（1）该课程目标以"探索与创作、审美与思辩、文化与理解"为重点，鼓励学生广泛参与各类人文艺术创作，增进其人文艺术欣赏能力，激发其创意潜能，切实提升学生人文艺术素养；

（2）该课程的总负责人为北航文化与艺术传播研究院院长；

（3）该课程为限定对象的公共选修课，共16学时，计1学分，主要供全校非艺术类专业学生选修，选课学生需通过预先选拔，每届总人数限定为30至60人；

（4）驻校艺术家／作家以启发、创造性的主题性课程，讲授其从事的艺术或人文领域的相关内容，包括基础知识及作品鉴赏、创作心得与感悟，并指导学生眼观、耳听、手做，亲身参与文学艺术创作体验等；

（5）驻校艺术家／作家每周为选修课程学生授课不少于2至4学时；

（6）驻校艺术家／作家负责对每位选修该课程的学生进行成绩考核。考核包括签到考勤、创作成果、学习报告及相关论文。甄选后，优秀的创作成果可予以展出，学习报告等可在相关校园媒体发布。

第十一条 授课期满，驻校艺术家／作家须在离校前举办授课成果展或出版授课成果等，以呈现师生学习交流及实践的成果。相关展览及出版物费用视情况由文化与艺术传播研究院承担或予以补贴。

第十二条 驻校艺术家／作家聘任期间如有著作发表，且在发表作品上注明为本校驻校艺术家／作家，可给予适当补助。

第十三条 驻校艺术家／作家驻校期间可协助、参与学校相关文化艺术活动的开展，亦可捐赠艺术品或出版品供本校典藏。

第十四条 驻校艺术家／作家应全力完成申请审批表中的工作计划、内容，并按要求撰写驻校总结报告，研究院将按每月壹万元人民币（￥10000.00）支付驻校艺术家／作家薪酬及生活补贴。

第十五条 为配合驻校艺术家／作家的教学实践活动，聘期内将为驻校艺术家／作家提供免费住宿（本校招待所，近授课地点，一般在沙河校区）。

第十六条 驻校艺术家／作家驻校期间的餐饮费用由艺术家／作家自行承担，研究院将协助其办理食堂就餐卡。

第十七条 研究院对驻校艺术家/作家驻校期间授课产生的材料费（纸张、笔墨等）予以适当补助。

第十八条 研究院为非本地驻校艺术家/作家提供往返机票（经济舱，往返各一次）。

第四章 附 则

第十九条 本实施办法自2013年9月起试行。

第二十条 本实施办法由北航文化与艺术传播研究院负责解释。

作品 ZUOPIN

学生临摹及创作花鸟画作品 68 幅

阿生泉作品

阿生泉

北京航空航天大学
材料科学与工程学院
2014 级本科生

蔡鹏虎作品

蔡鹏虎
北京航空航天大学
能源与动力工程学院
2012 级本科生

蔡文渊作品

蔡文渊

北京航空航天大学
交通科学与工程学院
2014级本科生

曹卓航作品

曹卓航
北京航空航天大学
机械工程及自动化学院
2014 级本科生

陈琛作品

陈 琛
北京航空航天大学
数学与系统科学学院
2012 级本科生

陈琛作品

陈俊瑞作品

陈俊瑞
北京航空航天大学
机械工程及自动化学院
2013级本科生

陈旭阳作品

陈旭阳
北京航空航天大学
高等工程学院
2014 级本科生

程元晨作品

程元晨
北京航空航天大学
知行书院
2014 级本科生

/ 学 / 生 / 作 / 品 /

邓昊作品

邓 昊

北京航空航天大学
物理科学与核能工程学院
2014 级本科生

范国康作品

范国康

社区书画爱好者

范国康作品

葛枭语作品

葛枭语
北京航空航天大学
人文与社会科学高等研究院
2013级本科生

/ 学 / 生 / 作 / 品 /

■ 管旭作品 ■

管 旭
北京航空航天大学
宇航学院
2014级硕士生

郭鹏程作品

郭鹏程

北京航空航天大学
交通科学与工程学院
2012级本科生

/学/生/作/品/

郭鹏程作品

郭鹏程作品

/学/生/作/品/

郭鹏程作品

郝金晶作品

郝金晶

北京航空航天大学
交通科学与工程学院
2013级本科生

何瑞钦作品

何瑞钦
北京航空航天大学
材料科学与工程学院
2013级本科生

何可人
北京航空航天大学
人文社会科学学院
2014级硕士生

何可人作品

李乐伟作品

李乐伟

北京航空航天大学
航空科学与工程学院
2013级本科生

/ 学 / 生 / 作 / 品 /

■ 李田田作品 ■

李田田
北京航空航天大学
文化与艺术传播研究院
2014级硕士生

刘爱冬作品

刘爱冬
北京航空航天大学
电子信息工程学院
2013 级本科生

刘颖作品

刘 颖
北京航空航天大学
交通科学与工程学院
2013级本科生

刘梦洋作品

刘梦洋

北京航空航天大学
机械工程及自动化学院
2012 级本科生

刘梦洋作品

一别终无期六年期
难寻百合不得应手根草
髭芒万般皆成怕忆来已成
空回首勤来多美入红尘
中看他无情还笑我难得
自在 对月明

乙未年夏月
梦洋书于北校

刘战强作品

刘战强

北京航空航天大学
知行书院
2014级本科生

■ 柳治作品 ■

柳 治
北京航空航天大学
仪器科学与光电工程学院
2013 级本科生

倪坦坦作品

倪坦坦

北京航空航天大学
文化与艺术传播研究院
2014级硕士生

裴天翼作品

裴天翼
北京航空航天大学
自动化科学与电气工程学院
2013级本科生

彭厚吾
北京航空航天大学
宇航学院
2014级本科生

石奇玉作品

石奇玉
北京航空航天大学
航空科学与工程学院
2013级本科生

钱琦作品

钱 琦
北京航空航天大学
经济管理学院
2014 级本科生

钱琦作品

饶晗作品

饶 晗
北京航空航天大学
材料科学与工程学院
2014级本科生

饶晗作品

尚芃超作品

尚芃超

北京航空航天大学

宇航学院

2014 级本科生

尚芃超作品

孙晨作品

孙 晨

北京航空航天大学
材料科学与工程学院
2014级本科生

/ 学 / 生 / 作 / 品 /

■ 唐海峻作品 ■

唐海峻
北京航空航天大学
材料科学与工程学院
2014 级本科生

谭爽作品

谭 爽

北航人文学院 2012 届博士
中国矿大文法学院教师

谭爽作品

田鹏作品

田 鹏
北京航空航天大学
航空科学与工程学院
2014级本科生

田兴宾作品

田兴宾
北京航空航天大学
物理科学与核能工程学院
2013级本科生

汪晗作品

汪 晗
北京航空航天大学
航空科学与工程学院
2014级本科生

■ 王虎作品 ■

王 虎
北京航空航天大学
文化与艺术传播研究院
2014级硕士生

王志超作品

王志超
北京航空航天大学
数学与系统科学学院
2013级本科生

王志超作品

向家兵作品

向家兵
北京航空航天大学
物理科学与核能工程学院
2014级本科生

吴文征作品

吴文征
北京航空航天大学
文化与艺术传播研究院
2014级硕士生

/学/生/作/品/

吴文征作品

谢步堃作品

谢步堃
北京航空航天大学
机械工程及自动化学院
2013级本科生

/ 学 / 生 / 作 / 品 /

■ 杨云江作品 ■

杨云江
北京航空航天大学
机械工程及自动化学院
2014 级本科生

张策作品

张 策

北京航空航天大学
物理科学与核能工程学院
2013 级本科生

杨依桐作品

杨依桐
北京航空航天大学
交通科学与工程学院
2014级本科生

张典钧作品

张典钧
北京航空航天大学
宇航学院
2013 级本科生

张静作品

张 静
北京航空航天大学
经济管理学院
2013级本科生

张垒作品

张 垒

北京航空航天大学
经济管理学院
2014级硕士生

/ 学 / 生 / 作 / 品 /

■ 张舒晴作品 ■

张舒晴
北京航空航天大学
知行书院
2013 级本科生

张新博作品

张新博
北京航空航天大学
航空科学与工程学院
2013 级本科生

/ 学 / 生 / 作 / 品 /

■ 赵嘉伟作品 ■

赵嘉伟
北京航空航天大学
宇航学院
2014 级本科生

张振齐作品

张振齐

北京航空航天大学
化学与环境学院
2014级本科生

张振齐作品

张振齐作品

/ 学 / 生 / 作 / 品 /

朱屹洁作品

朱屹洁
北京航空航天大学
航空科学与工程学院
2013级本科生

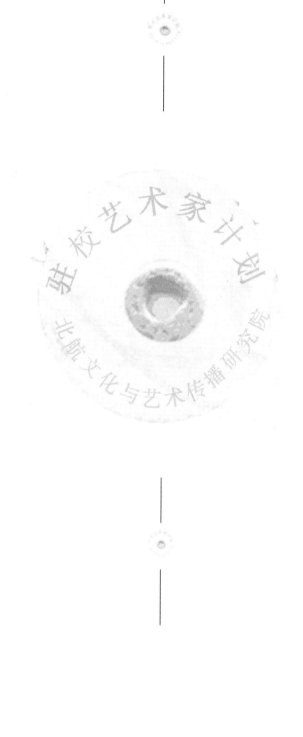

驻校艺术家李汉平花鸟画作品选辑 ZUOPIN 作品

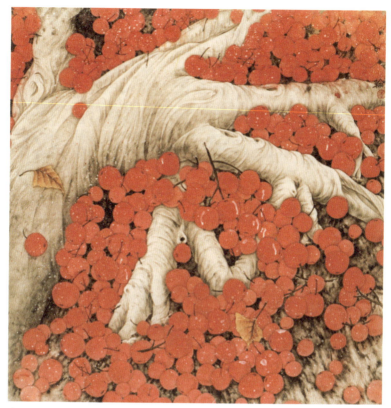

李汉平　十月　纸本工笔　96 cm×96 cm

李汉平　正午的风　纸本工笔　96 cm×96 cm

李汉平　秋韵　纸本工笔　96 cm×96 cm

李汉平　晨霭　纸本工笔　96 cm×96 cm

李汉平 藤香 纸本设色 69 cm×138 cm

李汉平 蕉园 纸本设色 69 cm×138 cm

李汉平　紫春　纸本设色　69 cm×138 cm

李汉平 舞春 纸本设色 69 cm×138 cm

李汉平　荷趣　纸本设色　69 cm×138 cm

李汉平 残秋 纸本设色 69 cm×138 cm

李汉平 戏 纸本设色 69 cm×138 cm

李汉平 栖 纸本设色 69 cm×138 cm

李汉平 婷婷 纸本设色 46 cm×69 cm

/ 驻 / 校 / 艺 / 术 / 家 / 作 / 品 /

李汉平 山野 纸本设色 46 cm×69 cm

李汉平　早春　纸本设色　70 cm×70 cm

李汉平　双鸟水仙　纸本设色　70 cm×70 cm

李汉平　繁春　纸本设色　70 cm×70 cm

李汉平　紫藤　纸本设色　70 cm×70 cm

李汉平　繁花　纸本设色　70 cm×70 cm

李汉平 双栖图 纸本设色 70 cm×70 cm

李汉平　秋色荷塘　纸本设色　138 cm×69 cm

李汉平　嬉水双禽　纸本设色　138 cm×69cm

图书在版编目（CIP）数据

丹青毓秀：驻校艺术家计划档案 / 蔡劲松主编 .--北京：北京航空航天大学出版社，2015.7
ISBN 978-7-5124-1849-3

Ⅰ.①丹… Ⅱ.①蔡… Ⅲ.①花鸟画－作品集－中国－现代 Ⅳ.① J222.7

中国版本图书馆CIP数据核字（2015）第157460号

版权所有，侵权必究。

丹青毓秀
驻校艺术家计划档案

蔡劲松 主编
责任编辑 江小珍

北京航空航天大学出版社出版发行
北京市海淀区学院路37号（邮编100191）
http://www.buaapress.com.cn
发行部电话：(010)82317024 传真：(010)82328026
读者信箱：bhpress@263.net 邮购电话：(010)82316936
北京科信印刷有限公司印装 各地书店经销

开本：880×1230 1/32 印张：8.75 字数：224千字
2015年7月第1版 2015年7月第1次印刷
ISBN 978-7-5124-1849-3
定价：38.00元

若本书有倒页、脱页、缺页等印装质量问题，请与本社发行部联系调换。
联系电话：(010)82317024